Vte PAUL DE CHASTEIGNER

LES VINS

DE

BORDEAUX

PRÉFACE

PAR

CHARLES MONSELET

FRONTISPICE DE CH. DONZEL

Quatrième édition

PARIS

LIBRAIRIE BACHELIN-DEFLORENNE,

3, QUAI MALAQUAIS, 3

Succursale, 10, *boulevard des Capucines*

LES VINS

DE

BORDEAUX

PARIS. — IMPRIMERIE ALCAN-LÉVY.

Vte PAUL DE CHASTEIGNER

LES VINS

DE

BORDEAUX

PRÉFACE

PAR

CHARLES MONSELET

FRONTISPICE DE CH. DONZEL

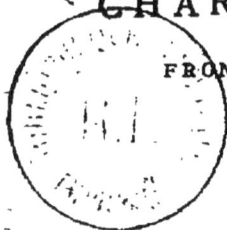

Quatrième édition

PARIS

LIBRAIRIE BACHELIN-DEFLORENNE,

3, QUAI MALAQUAIS, 3

Succursale, 10, boulevard des Capucines

1873

A

CHARLES MONSELET

Poëte et beuveur très prétieux

ЖC

Puisqu'il obtient l'honneur de votre parrainage,
De ce livre acceptez l'hommage.
Avant tous, je vous le dois bien.
Sans vous il n'était rien
Ou peu de chose;
Votre nom à côté du mien
Sera la cause
Que le lecteur indulgent,
Mais parfois timide,
En buveur intelligent
Va le prendre maintenant
Pour guide.

Et toi, lecteur bénin, ne va point t'offenser,
Si je t'offre mes vers avant ceux du poète ;
Par une annonce il fallait commencer,
Et je suis le héraut qui proclame la fête.

PREMIÈRE LETTRE

LU POÈTE A L'AUTEUR

A Monsieur le vicomte P. de Chasteigner.

Cher Monsieur,

Je voulais vous porter le sonnet en question. De là le retard ; veuillez m'excuser, je vous prie.

J'ai lu avec un plaisir extrême votre petit livre si vif, si juste, si définitif sur la *Bordelaise.* C'est un véritable cadeau que vous m'avez fait là.

Et maintenant, tournez la page, s. v. p., et si le sonnet ne vous plaît pas tel quel, je le retravaillerai sur vos indications.

En attendant, recevez, je vous prie, mes meilleurs sentiments et toutes mes civilités.

CHARLES MONSELET.

3 Novembre 1872. Paris.

SONNET

Au seul Bordeaux toujours fidèle,
Buveur d'hier et d'aujourd'hui,
J'admets que pour plus d'un rebelle
L'éclair d'un autre vin ait lui.

A quoi bon fuir le parallèle
Avec un loyal ennemi ?
Disons que le Bordeaux c'est Elle,
Et que le Bourgogne c'est Lui !

A lui les airs fiers et superbes !
— Coquelicot parmi les herbes,
Il se croit l'honneur du bouquet.

Elle, plus discrète en sa flamme,
Sourit d'un sourire coquet...
Le vin de Bordeaux, c'est la femme.

CHARLES MONSELET.

DEUXIÈME LETTRE

DU POÈTE A L'AUTEUR

Cher monsieur Le Doux (1),

...... M. Bachelin vous dira que votre demande d'un sonnet m'a inspiré une pièce — à côté — que je serai heureux de vous communiquer, et qui pourra peut-être s'ajouter à votre intéressant volume. A quelque chose bonheur est bon.

Priez M. de Chasteigner d'agréer les meilleurs salutations de son dévoué poète,

CHARLES MONSELET.

15 Novembre 1872.

(1). Le poète rappelle ici d'une manière aimable le pseudonyme sous lequel l'auteur des *Vins de Bordeaux* a signé *la Bordelaise*, en 1870, et dût-il paraître manquer de modestie, Jacques Le Doux n'en accepte pas moins avec grand plaisir les compliments du maître.

b.

FUSION

Il est une heure où se rencontrent
Tous les grands vins dans un festin,
Heure fraternelle où se montrent
Le Lafite et le Chambertin.

Plus de querelles à cette heure
Entre ces vaillants compagnons ;
Plus de discorde intérieure
Entre Gascons et Bourguignons.

On fait trève à l'humeur rivale.
On éteint l'esprit de parti.

L'appétit veut cet intervalle.
Cette heure est l'heure du rôti !

Comme aux réceptions royales
Que virent les deux Trianons,
Circulent à travers les salles
Ceux qui portent les plus beaux noms.

A des gentilshommes semblables,
Et non moins armoriés qu'eux,
Les grands vins, aux airs agréables,
Echangent des saluts pompeux.

Ils ont dépouillé leurs astuces,
Tout en conservant leur cachet.
— Passez, monsieur de Lur-Saluces !
— Après vous, mon cher Montrachet !

Pomard, en souriant, regarde
Glisser le doux Branne-Mouton (1).
Nul ne dit à Latour : « *Prends garde !* »
Pas même le bouillant Corton.

(1) Connu aussi sous le nom de *Mouton-Rothschild*,
emprunté à son actuel et magnifique propriétaire.

Volney *raconte ses ruines*
Au digne Saint-Emilion,
Qui l'entretient de ses ravines
Et des grottes de Pétion.

Jamais les vieilles Tuileries,
Dans leurs soirs les plus radieux,
Ne virent sous leurs boiseries,
Hôtes plus cérémonieux.

On cherche le feutre à panache
Sur le bouchon de celui-ci,
Et, sous la basque qui la cache
L'épée en acier aminci.

Voici monsieur de Léoville.
Qui s'avance en habit brodé,
Et qui, d'une façon civile,
Par Chablis *se voit abordé.*

Musigny, *que d'orgueil on taxe,*
Dit à Saint-Estèphe : « *Pardieu !*
J'étais chez Maurice de Saxe
Quand vous étiez chez Richelieu ! »

« — *Moi, sans que personne s'en blesse,*
J'ai, dit monsieur de Sillery,
Conquis mes lettres de noblesse
Aux soupers de la Dubarry ! »

Un autre encore moins sévère :
« *J'ai parfois déridé le front*
Du fameux proconsul Barrère... »
Aussitôt chacun l'interrompt.

Destournel *se tait et se guinde,*
Destournel, *ami du flot bleu,*
Qui voyagea deux fois dans l'Inde,
Coloré par un ciel de feu.

« *Sans chercher si loin mon baptême,*
Prophète chez moi, dit Margaux,
A la duchesse d'Angoulême
J'ai fait les honneurs de Bordeaux. »

Le jeune et rougissant Monrose,
Ayant quitté pour un instant
Le bras de son tuteur Larose,
Jette un regard inquiétant,

Et cherche, vierge enfrissonnée,
Rouge comme un coquelicot,
Mademoiselle Romanée
Auprès de la veuve Clicquot.

Certaine d'être bien lotie,
Malgré son air un peu tremblant,
Dans un coin la Côte-Rôtie
Sourit à l'Ermitage blanc.

Tandis qu'avec un doigt qui frappe,
Impatient de se montrer,
Le fougueux Château-Neuf du Pape
Demande si l'on peut entrer.

Meursault estime l'or moins jaune
Que Barsac ; lorsque Richebourg
Recommence sur ceux de « Beaune
Et de Nuits » un vieux calembour.

Rauzan découvre mille charmes
Chez Mercurey, ce fin rougeaud.
J'entends le cri de : « Portez armes ! »
On acclame le Clos-Vougeot.

Il en est du temps des comètes
Qui, dépouillés, usés, fanés,
Sont dans des fauteuils à roulettes
Respectueusement traînés.

Un tel souffrant qu'on le décante,
Fat, dans sa fraise de cristal :
« Ah! dit-il, plus d'une bacchante
M'aima dans le Palais-Royal ! »

A ce rendez-vous pacifique
Aucun ne manque, ils sont tous là.
O le spectacle magnifique !
O le resplendissant gala !

Et quel bel exemple nous donnent
Ces vins, dans leur rare fierté,
Qui s'acceptent et se pardonnent
Leur triomphante égalité !

CHARLES MONSELET.

Paris, novembre 1872.

LES VINS

DE

BORDEAUX

INTRODUCTION

Nous avons été frappé, dans quelques-uns de nos voyages ou dans nos conversations avec les personnes étrangères aux pays de vignobles, nous ne dirons pas seulement du peu de connaissances, mais de l'ignorance même de beaucoup de gens du meilleur monde en tout ce qui concerne le *vin de Bordeaux*.

Combien de fois n'avons-nous pas été péniblement impressionné en voyant des consommateurs compromettre, dès l'arrivée, le contenu de toute une pièce d'une valeur souvent considérable ; d'autres, offrir à leurs convives, et de la meilleure foi du monde, sous le nom générique de *Bordeaux* ou de *Médoc*, un liquide composé d'éléments hétérogènes et indigne de toute qualification.

Pour corroborer notre assertion, nous ne pouvons mieux faire que de nous effacer derrière la parole autorisée d'un critique trop bienveillant, mais très compétent à propos de la dernière édition de cet ouvrage.

« Il est très peu de personnes, dit l'honorable secrétaire de la Société d'agriculture de la Gironde, en dehors du monde qui trafique de ce produit et de la population qui préside aux opérations des chais, sachant acheter

avec intelligence, conserver, mettre en bouteilles et boire selon les règles du bon sens,
les vins qu'elles consomment.

« Un plus petit nombre encore sait apprécier les conditions dans lesquelles le vin doit
être placé pour déployer toutes ses qualités,
ses agréments, et produire ses bienfaits ordinaires. Il résulte de cette ignorance presque
générale parmi les gens du monde et la clien-
tèle moyenne, une foule d'injustices, d'appréciations fausses, de calomnies et d'absurdités
dont les honnêtes marchands, les propriétaires
et le vin lui-même, le meilleur quelquefois,
sont les innocentes et éternelles victimes. Il
en résulte aussi, pour les amateurs sérieux,
les palais délicats, les mécomptes les plus
amers. On sert dans de très bonnes maisons,
sur les tables les plus confortables, des vins

1.

authentiques, d'un prix élevé, qui eussent été excellents dans certaines conditions faciles à obtenir, dont on éloigne les lèvres avec dégoût, parce que l'hygiène en a été négligée, méconnue ou violée. »

Mais le goût, en ceci comme en toutes choses, ne s'acquiert que par l'instruction théorique et pratique ; et tant de gens n'ont eu, pour former leur éducation œnophile, que des sujets de comparaison si peu dignes d'être étudiés, qu'il ne faut pas trop leur en vouloir, mais seulement les plaindre et leur donner de bons avis, s'ils veulent bien les accepter aussi franchement qu'ils leur sont sincèrement offerts.

C'est dans ce but que nous avons entrepris de rédiger cet opuscule. La matière est plus élastique qu'on ne pense : un livre en pourrait naître. Mais quoi ! ce livre ou plutôt ces livres ont été faits, et nous avouerons franchement que nous n'avons pas eu, dans ces quelques lignes, la prétention de donner à nos lecteurs des avis uniquement tirés de notre crû. Tout en invoquant notre expérience personnelle, comme propriétaire de vignobles dans une des principales contrées de la Gironde, nous avons puisé aussi à des sources plus autorisées, soit par nos lectures, soit en nous entourant des conseils d'hommes compétents dans le commerce et la viticulture (1) ; et nous

(1) Qu'il me soit permis de remercier ici particulièrement M. Auguste Petit-Laffitte, professeur d'agriculture, et mon excellent compatriote et collègue à la Société des Agriculteurs de France, M. C. P. Mitraud, propriétaire-viticulteur.

Le premier s'est acquis un renom mérité par le cours qu'il professe avec tant de zèle, et ses nombreux travaux, à la tête desquels il convient de placer son beau

pouvons affirmer qu'il n'est pas une allégation de principes, sur le *classement*, le *choix*,
l'*usage* et la *conservation* des vins, qui ne
puisse se retrouver en substance dans les
traités spéciaux auxquels nous renvoyons les
personnes désireuses d'étudier plus profondé-
ment la question. Ces ouvrages, fort bien
faits du reste, sont plus particulièrement destinés aux agriculteurs, aux négociants et aux
économistes ; tout le monde ne peut les avoir
en poche ou dans sa bibliothèque ; nous
croyons que notre résumé suffira amplement

livre : *la Vigne dans le Bordelais*. La modestie du second m'en voudra peut-être de le mentionner ici; mais je
ne pouvais l'oublier, car, en partie, c'est grâce à ses
sages préceptes et à ses bienveillants encouragements
que *les vins de Bordeaux* ont obtenu un succès auquel ils
ne croyaient pas devoir prétendre, et qu'ils pourront se
présenter au public moins imparfaits dans cette nouvelle
édition.

au consommateur uniquement désireux de mettre dans sa cave une provision de vins bien choisis; de connaître les moyens de les soigner convenablement, et d'en faire usage, soit en famille, soit avec ses amis, d'une manière à la fois utile et agréable.

Château de Falfax près Bourg (Gironde).

Octobre 1871.

Paris, Février 1872.

LES

VINS DE BORDEAUX

I

CONSIDÉRATIONS GÉNÉRALES

EPUIS Noé dans l'antique tradition bi-
blique ; depuis Bacchus dans la légende
païenne, chaque génération a célébré
par sa reconnaissance les bienfaits de cette boisson fermentée que nous devons au fruit de la
vigne.

Aussi loin que l'on remonte dans les temps his
toriques, cette précieuse liqueur que les mortels
ont surnommée DIVINE, parce qu'elle les rend,
prétendent-ils, égaux aux dieux, en les dégageant
parfois des humaines misères ; cette liqueur, dis-

je, a toujours été l'emblème de la joie et du bonheur ; car il n'y a de gaîté que chez les heureux,
ou du moins qui croient l'être, ne fût-ce qu'un
instant.

Mais le vin n'est pas seulement le plus agréable de toutes les liqueurs ; son usage doit être
considéré comme le corollaire indispensable d'une
bonne hygiène aux lieux où la civilisation con-
centre un grand nombre d'individus et où le
défaut de locomotion, joint à des travaux souvent
excessifs, vient troubler l'harmonie des fonctions normales que la nature impose à notre
humanité. Tonique puissant, il rend l'énergie à
tous nos organes au double point de vue physique
et moral ; mêlé dans une sage mesure à nos aliments journaliers, il donne sa meilleure trempe
au ressort de notre machine intelligente et peut
même, en certains cas, suppléer au manque de
nourriture : *Famem vini potio solvit*, *Un peu de
vin calme la faim*, dit Hippocrate en ses apho-
rismes.

Ajoutons que le vin n'est pas seulement nécessaire aux gens civilisés, il est lui-même, rendons-
lui cette justice, le créateur de la civilisation.

Le docteur Artaud, en son livre *De la vigne et de ses produits*, prouve victorieusement, dans une savante dissertation intitulée : *Le vin et la civilisation*, que cette dernière a été répandue, propagée ou annulée, selon que la culture de la vigne, et par conséquent la consommation du vin, ont eu plus ou moins d'activité parmi les peuples depuis les premiers âges du monde.

Mais entre tous les vins récoltés sur la surface du globe, celui que nous avons la gloire de produire a toujours eu, dès qu'il a pu se faire connaître, une prééminence incontestée.

Un poète a chanté la gloire d'Homère dont trois mille ans n'ont pu effacer le souvenir immortel ; bien plus grande est celle du vin, qui remonte au moins au..... déluge.

> *Et depuis cinq mille ans son renom mérité*
> *Est jeune encor de gloire et d'immortalité !*

« Ces Français ont-ils de l'esprit ! s'écriait le comte de Pœlnitz en sortant avec le prince de Ligne d'une orgie de bonne compagnie. — Parbleu, c'est bien malin, répliqua le prince, *avec des vins comme ceux-là.* »

2

Après avoir cité ces paroles, M. Albert de la Fizelière a ajouté :

« En effet, le vin est un sublime inspirateur, et tant qu'il est resté chez nous la boisson nécessaire et exclusive, notre littérature a éclairé l'univers de l'éclat majestueux de ses explosions. »

« On dit qu'elle pâlit en ce moment, s'étiole et menace de s'éteindre dans une misérable corruption ; si cela est, n'en accusons que la rareté toujours croissante du *vrai vin,* l'envahissement de la bière et la contagion de l'absinthe (1). »

Notre littérature n'a pas été seule, hélas! à souffrir de cet état de choses.

C'est notre esprit national lui-même qu'il a abaissé. Pourrait-on nier aujourd'hui (1872) le degré de complicité qui incombe, dans nos désastres inouïs, à l'alcoolisme et aux estaminets ?

« Ce qui distingue le vin de toutes les boissons délétères usuelles par abus, dit encore le docteur Artaud, c'est son action générale sur l'économie. Pris à doses modérées, il accroit l'éner-

---

1. *Vins à la mode et Cabarets au dix-septième siècle.* Paris, 1866.

gie de toutes les facultés ; le cœur, le cerveau, les organes sécréteurs, le système musculaire acquièrent, par son usage, une augmentation de vitalité sensible. »

Vino aluntur sanguis calorque hominum.

PLINE.

« Le vin s'associe généreusement à toutes nos
« fonctions ; il les fortifie et les excite avec har-
« monie ; tandis que les autres liqueurs agissent
« comme des médicaments qui ne portent leur
« activité que sur un seul organe : loin d'accroî-
« tre l'ensemble harmonique de l'être, elles ne
« peuvent que le troubler. »

Les vins rouges ont, selon leur nature, des qualités diverses. L'opinion publique et la généralité des médecins reconnaissent au vin du Bordelais des propriétés toniques qui le recommandent aux estomacs délicats, à cause d'un sel de fer qu'il contient dans ses principes constitutifs. Il est certain qu'il est plus froid que le vin de Bourgogne, moins alcoolisé et plus doux à boire. Ceux qui sont vieux et de bonne qualité,

et qu'on qualifie de *vins fins,* ont, à un bien plus
haut degré que les vins nouveaux et communs,
la faculté de concourir à l'assimilation et de
porter plus rapidement le bien-être et la force
dans tous les organes. C'est le soutien des vieillards, l'énergie des convalescents, la boisson des
estomacs délicats ou fatigués, et des personnes
qui souffrent des obstructions dans les viscères.
En état de santé, ce genre de vin porte à la
gaîté ; l'excès même que l'on pourrait en faire ne
cause que des indispositions passagères. Bus à la
dose dont les gens du monde ont l'habitude, ces
liquides ont la propriété d'exciter le cerveau,
d'éclaircir les idées, de rendre aimable et communicatif ; mais il est important de s'arrêter
quand ces facultés s'épuisent et que le système
nerveux se met de la partie.

« Le vin de Bordeaux, dit un aimable critique, n'enivre pas, il égaie ; il y a plus, il donne
de l'esprit : on s'en aperçoit en Gironde. S'il pouvait donner la raison à dose égale, il serait le
nectar des dieux ; mieux encore, car les dieux
avaient toutes les passions des hommes. Quand je
dis qu'il n'enivre pas, j'exagère ; mais nous som-

mes loin des Flandres, où les bons buveurs ont communément une jauge cyclopéenne. »

« En Bourgogne, les femmes n'osent vider leur verre : le Volnay, le Corton, le Chamber-bertin leur monte traîtreusement à la tête. Sur les rives fleuries de la Garonne, le Médoc brillant comme le rubis, ou le Sauterne scintillant comme la topaze brûlée ne les effraient pas ; et cette bravoure leur crée à mes yeux un mérite de plus. Un verre ou deux de cet aimable breuvage augmente en elles le charme du regard et rend leur sourire plus doux (1). »

La gaîté, les chants, le rire expansif sont les compagnons de la culture de la vigne et de l'usage du vin. Le sérieux poussé jusqu'à la taciturnité se rencontre forcément dans les pays où l'art du vigneron est peu ou point pratiqué, où le vin est une boisson inconnue ou proscrite.

Dans le cours de ses voyages, le scythe Anacharsis, se trouvant à Athènes au milieu d'un

(1) A. Doinet, article bibliographique sur la deuxième édition de cet ouvrage. *Journal de Bordeaux*, 10 janvier 1869.

banquet, écoutait attentivement les convives en-
tonner une chanson bachique. On lui demanda
si la coutume des repas était la même et s'il y
avait de tels chantres en son pays. — *Il n'y a
pas même de vignes,* répondit-il.

En Turquie, selon le Persan de Montesquieu,
on pourrait trouver des familles entières où *personne n'a ri* depuis la fondation de la monar-
chie.

Dans les pays du Nord où la consommation
du vin n'entre que pour une faible part à côté
de la bière, du thé et de tous les alcools de grains
ou de fruits répandus à profusion, on peut bien
trouver des penseurs profonds et de vastes éru-
dits ; mais l'esprit ne saurait naître que là où va
le vin de France.

C'est lui qui est en Angleterre, sous le nom
de *Claret,* le créateur de cette pointe originale,
au milieu d'un sérieux natif, connu sous le nom
d'*humour.* Lui seul peut y combattre avec succès
le *spleen* engendré par les brouillards de la Ta-
mise.

Nous pourrions donner des preuves sans nombre de l'influence que possède un vin naturel et

généreux sur l'activité créatrice du cerveau, tout
en maintenant les forces physiques de l'individu.

Sans remonter aux orateurs de la Grèce, est-il
besoin de rappeler ici l'illustration universelle du
barreau bordelais qui remonte au siècle d'Ausone !

J'ai lu quelque part, dans l'histoire d'Angleterre, pays où le vin de Bordeaux est la seule
boisson des gens riches et intelligents, que le
président d'une assemblée souveraine buvait
beaucoup, mais n'en était pas moins exact aux
affaires. Tous les jours le premier à l'assemblée,
il y travaillait et parlait plus que personne. Le
prince d'Orange, qui l'aimait, lui dit un jour que
l'excès en tout était dangereux, et que s'il conti-
nuait, le travail ou le plaisir le mèneraient promptement au tombeau. — Mon cher Président,
ajouta-t-il, prenez-y garde : *tant va la cruche à
l'eau qu'enfin elle se brise. — Monseigneur*, dit
celui-ci, *il n'y a point de risque ; ce n'est pas à
l'eau, c'est au vin que va ma cruche.*

Enfin, depuis nombre d'années, les comptes
rendus des assemblées françaises vous appren-
dront que les Berryer, les Thiers. avant d'abor-

der la tribune, se sont toujours fait servir non le vulgaire et fade verre d'eau sucrée, mais un verre de vin de Bordeaux.

Le savant ami de Montaigne, La Boëtie, conseiller au parlement de Bordeaux, affaibli par une maladie d'épuisement, buvait à pleine tasse le vin généreux de la Gascogne et lui dut l'apaisement de ses souffrances et le prolongement de son existence, qui pourtant fut encore de trop courte durée.

En aucun temps, et encore moins dans la période adynamique qui est le caractère actuel de la généralité des tempéraments, personne ne contestera l'utilité et l'application nécessaire du vin de Bordeaux à l'hygiène et à la thérapeutique.

En observant ses effets réparateurs sur les organisations affaiblies, dès longtemps les médecins en ont prescrit l'usage dans les repas et l'emploi dans les remèdes, sans se rendre peut-être bien compte du principe de cette faculté curative. Eh bien, ce principe, c'est ce métal si universellement répandu dans la nature, qui nous donne à la fois la lame de nos épées, le soc de nos charrues et la couleur vermeille du sang qui circule dans nos artères : *le fer*.

« Tous les sels contenus dans le vin de la Gironde, dit le savant M. Fauré (*Analyse chimique et comparée des vins de la Gironde*), se trouvent aussi dans les autres vins de France, à l'exception du *tartrate de fer*; je l'ai signalé le premier dans les vins de notre département, alors qu'iln'avait encore été indiqué par personne. »

« Ce fait remarquable est du plus grand intérêt. C'est sans doute à la présence de ce sel ferrugineux qu'est due la réputation que les vins de Bordeaux ont anciennement acquise en médecine, comme étant les plus propres à fortifier les enfants, ranimer les convalescents et soutenir les vieillards. On n'admettait pas, généralement, que cette propriété bienfaisante fût exclusive aux vins de la Gironde, on ne l'attribuait qu'à la quantité de tannin qu'ils contiennent. On pouvait supposer que d'autres vins étaient aussi *tannifiés* qu'eux. Actuellement, que l'analyse vient de révéler la cause de cette supériorité, on ne pourra plus la leur contester, et leur usage médical doit prendre une grande extension. »

C'est ce que nous voyons d'ailleurs tous les jours ; n'oublions pas qu'il est le préservatif par excellence, disons mieux, le remède actif ou préventif souverain dans les pays marécageux ou arides, où l'insalubrité de l'eau potable puisée dans des mares et des citernes cause des fièvres intermittentes et typhoïdes ; surtout enfin pendant les épidémies qui nous apportent :

> *Ce mal qui répand la terreur,*
> *Mal que le ciel, en sa fureur,*
> *Inventa pour punir les crimes de la terre ;*
> *La peste, puisqu'il faut l'appeler par son nom,*

Ou le choléra-morbus, comme nous disons aujourd'hui.

Ce que nous avançons ici en faveur du vin de Bordeaux, tout viticulteur des autres provinces de France le revendiquera avec surenchérissement en faveur de ses produits et nous accusera d'être orfèvre, comme M. Josse, ou de prêcher pour notre paroisse. Ces prétentions ne sont pas nouvelles ; dès le temps de Philippe-Auguste, elles furent le sujet d'un fabliau intitulé : *La bataille des vins ;* et plus tard des thèses furent sérieuse-

ment pré entées, attaquées et défendues en pleine
Sorbonne par les vignerons de l'Ile-de-France,
de la Bourgogne, de la Champagne et de l'Orléanais.

Ajoutons que la Gascogne ne se mêla jamais
à ces luttes, qu'elle jugeait, avec raison, au-
dessous de sa dignité.

Il faut convenir que les prétentions à la prééminence entre tel ou tel vin, de la part des propriétaires des crûs les plus renommés de la
France, ne sont pas raisonnables.

Chacun des vins qu'ils produisent n'a-t-il
pas un caractère particulier, des qualités qui lui
sont propres ?

Et les buveurs qui s'établissent juges, quelque
bons gourmets et quelque désintéressés qu'on les
suppose, n'ont-ils pas aussi, eux-mêmes, une cons-
titution et des habitudes particulières qui ont la
plus grande influence sur leurs jugements ou
leurs appréciations ?

Voyez du Fouilloux, dans sa *Vénerie* ; il donne
les plus justes éloges au *vin de Graves*. Le mot
qu'en dit madame de Sévigné annonce le peu de
cas qu'elle en faisait. En parlant de M. de Lavar-

din : « *C'est un gros mérite*, dit-elle, qui ressemble au vin de Graves (1). »

Malgré le sang gascon qui coule dans nos veines, nous ne serons point exclusif. Les uns prétendent que les vins de Bourgogne sont les seuls bons; les autres veulent que ceux de Bordeaux soient les meilleurs. Au point de vue du bouquet et de l'agrément, ils ont l'un et l'autre leurs partisans et leurs détracteurs. La vérité est que tous deux sont excellents; mais qu'ils ont tous deux des qualités différentes.

Le bordeaux conviendra aux estomacs chauds et irritables, et le bourgogne aux estomacs froids et paresseux; mais le vin de la Gascogne aura

(1) Cette appellation de *Vin de Graves* était anciennement employée pour désigner les vins de Bordeaux. (Voir le passage mentionné dans la *Vénerie,* de messire Jacques du Fouilloux, chapitre *De l'Assemblée ;* il est curieux à plus d'un titre.)

Quant à l'opinion de madame de Sévigné, c'est déjà quelque chose qu'elle ait reconnu au *vin de Graves* un mérite, fût-il *gros.* Mais pour ce qui est de l'intention de dénigrement que semble indiquer ce dernier terme, nous ferons observer que la célèbre marquise n'a pas toujours rencontré juste dans ses appréciations. N'a-t-elle pas dit aussi : *Racine passera comme le café?*

toujours l'immense avantage de n'être jamais nuisible, d'être toujours salutaire, et de pouvoir enfin être transporté et conservé en tous lieux et en tous pays très longtemps et avec des soins faciles à lui donner.

Il se présente à notre pensée une comparaison que l'on trouvera peut-être singulière, mais qui, selon nous, a le mérite de bien définir le caractère de ces deux rivaux également dignes d'être couronnés.

Nous dirons donc que l'on peut attribuer aux vins de la Bourgogne et du Bordelais les deux sexes ou, si l'on veut, les deux genres dont se compose l'humanité : le *masculin* et le *féminin*.

En effet, si l'on examine ces deux liqueurs dans leur nature et les résultats de leur absorption sur l'organisme des buveurs, le fils de la Côte-d'Or *est viril;* les éléments qui forment son essence sont substantiels, alcooliques et fortement colorés; ses étreintes sont énergiques et parfois brutales.

L'enfant de la Gironde, au contraire, est fin, élégant, distingué; ses caresses ne provo-

quent qu'une légère excitation où l'esprit a plus
de part que la matière; il est *femme*.

Comme un lutteur orgueilleux, le vin de
Bourgogne vous subjugue et vous terrasse sans
pitié, en vous laissant parfois le corps et tous les
sens meurtris.

Comme une fille d'Ève, le vin de Bordeaux ne
songe point à vous abattre, mais à vous charmer.
Si, comme elle, il vous fait un instant perdre la
tête, jamais il n'abusera de sa victoire que pour
faire naître en vous les sensations les plus déli-
cieuses et ramener dans votre esprit les plus
riantes images et les plus douces illusions (1).

Un aimable poète girondin a ainsi défini
l'ivresse du vin de Bordeaux :

Ne vois-tu pas notre œil brillant comme l'éclair,
Qui vient de s'animer à l'acool, à l'éther,
Et ne comprends-tu pas cette extase profonde
Qui nous transporte loin des misères du monde.
Cette ivresse n'est pas ce désir infernal

(1) C'est la lecture de ce passage qui a inspiré à notre
illustre et charmant poète Charles Monselet le sonnet-
préface que nous avons donné en tête de ce petit livre
qui, grâce à lui, deviendra grand.

Qui rend l'homme semblable au plus vil animal ;
C'est une ivresse sainte, un sublime délire ;
Et parmi tous les vins notre vin seul l'inspire !
Comme une panacée aux maux de notre corps,
Il ranime sa force, en trempe les ressorts ;
De l'homme vigoureux entretient l'énergie,
Et du vieillard caduc combat la léthargie (1).

(1) P. Biarnés, *Les grands vins de Bordeaux*.

NOTICE HISTORIQUE

——

L en est de la réputation du vin, dit Legrand d'Aussy, dans sa *Vie privée des Français*, comme de celle des hommes ; pour sortir de la foule où l'on reste oublié, il ne suffit pas d'avoir un mérite réel, quelquefois encore il faut des circonstances favorables et un heureux hasard qu'on ne rencontre pas toujours.

Après avoir fait comme nous cette citation, d'autres écrivains bordelais attribuent à une anecdote que nous rapporterons plus loin, le moment précis, selon eux, où le vin de Bordeaux a commencé d'être à la mode à la cour de nos rois et dans la ville de Paris.

Eh bien ! nous dirons, appuyant notre allégation sur des faits certains, que de tous les produits du sol de la vieille Gaule, le vin de Gascogne est peut-être le seul qui n'ait pas eu besoin de la consécration *de la Capitale* pour acquérir une juste renommée. Et il y a une bonne raison à cela ; c'est que Paris n'était encore qu'une cité de bien mince importance, *Lutetia Parisiorum*, que déja le vin de la noble et savante Burdigala était dignement apprécié par les vainqueurs du monde.

Ausone, le poète bordelais, ou plutôt le consul romain, comme il aimait à le rappeler souvent, parlant des villes illustres de son temps, *claræ urbes*, en des vers où il n'est nullement question de Lutèce : « O ma patrie, dit-il, toi célèbre *par ton vin*, tes fleuves, tes grands hommes, et le caractère de tes habitants. »

O patria insignem Baccho, fluviisque virisque
Moresque hominum....

Le même, écrivant à son ami le rhéteur Axius

Paulus, lui rappelle le plaisir qu'ils avaient à goûter ensemble à ces huîtres de Burdigala que leur qualité merveilleuse fit admettre à la table des césars, et dont la gloire est non moins digne de louanges que la gloire de notre vin, *non laudata minûs, nostri quam gloria vini.*

Tout nous démontre, pendant l'époque romaine, l'importance du commerce de nos contrées dont le vin était le principal objet. Strabon, qui vivait au premier siècle de l'ère chrétienne, parle de Burdigala dans sa *Géographie*, comme d'un entrepôt ou *Emporium* célèbre. Vers le même temps, le naturaliste Columelle raconte, dans son livre *De l'Agriculture*, que le vin des *Bituriges* dont le pays forme aujourd'hui le territoire bordelais, était fort estimé en Italie.

Un siècle environ après la mort d'Ausone, c'est-à-dire vers l'an 460, un autre poète, Sidonius Apollinaris, chantant la résidence de son ami Pontius Léontius, sur les collines du Bourgeais, au confluent de la Garonne et de la Dordogne, fait dire au dieu de la Poésie, s'adressant à celui des Vendanges : *Et que sous ton empire les coteaux de ce séjour deviennent d'agréables vignobles* (1).

D'autres écrits contemporains, de curieux monuments, de remarquables sculptures et inscriptions conservés dans nos bibliothèques et nos musées viennent à l'appui de notre assertion, d'ailleurs incontestée. Les terribles envahisseurs du Nord et du Midi, Normands et Sarrasins, détruisirent cette prospérité pendant les sixième, septième et huitième siècles.

Dès cette dernière époque cependant, la vigne avait dû se relever un peu sur le sol de la riche Aquitaine. Charlemagne, qui y séjourna longtemps et y construisit un château-fort sur le tertre de Fronsac, dut apprécier le vin de ces contrées. On en trouve la preuve dans la recommandation qu'il fait aux régisseurs de ses domaines de conserver son vin dans de bons barils, *bonos barillos,* cerclés en fer (2).

(1) Sidonius Apollinaris : *Burgus Pontii Leontii,* v. 100, 229 et 230.

(2) C'est aux Gaulois cisalpins que l'on doit l'invention des tonneaux de bois faits de barres assemblées, d'où les mots *barils, barriques.* Nous savons qu'avant eux les Romains déposaient leur vin dans de grands pots de

La suzeraineté de la couronne d'Angleterre donna un essor immense à la production du vin dans la Guyenne.

Richard Cœur-de-Lion eut cette terre en partage en l'an 1173. Dans un article de l'Assemblée des notables, pour régler l'administration de la province, on lit cette phrase significative : *Quiconque prendra une grappe dans la vigne d'autrui, paiera cinq sols ou perdra une aureille.*

On peut juger, dit M. Francisque Michel (1), de l'état florissant du commerce de Bordeaux pendant la partie du règne de Henri III, par la grande quantité du vin que l'on y voit à cette époque, et par les achats faits pour le compte de ce prince, non-seulement à des marchands de cette place, mais aussi directement à de grands

terre appelés *amphores*, et aussi, comme en Espagne encore, dans des outres faites de peaux de bêtes. Le grand Empereur, dans son voyage au delà des Pyrénées, avait dû reconnaître l'inconvénient de ce dernier système, et c'est évidemment ce qui explique l'importance qu'il donna dans ses ordonnances à l'injonction que nous avons rapportée.

(1) *Histoire du commerce et de la navigation à Bordeaux*, passim.

propriétaires de vignobles, au nombre desquels se trouve l'archevêque.

Le roi lui-même ne jugea pas indigne de lui d'en faire un objet de spéculation ; après avoir fait à Bordeaux, où il se trouvait en 1243, de grands approvisionnements qu'il expédia en Angleterre, il eut soin de mander à tous les baillis et vicomtes de son royaume de ne point permet·tre que dans le ressort de leur juridiction il fût vendu des vins avant les siens, que maître Wibert de Kent amenait en Angleterre.

A l'exemple du roi, la reine et les grands de la cour se livrèrent à de semblables opérations, qui durent leur procurer de beaux bénéfices.

Au treizième siècle, Jean Sans-Terre affranchit les bourgeois de Bordeaux de tout péage royal pour le transport de leurs vins.

En 1372, au temps de Philippe-Auguste, Froissart dit qu'il passa du royaume d'Angleterre en Guyenne, *bien deux cents voiles, en tout une flotte de nefs de marchands qui allaient aux vins.*

Nous lisons dans nos archives municipales que. le samedi 23 novembre 1415. il fut ordonné

que le peuple serait convoqué pour le lendemain
à son de trompe.

C'était dans le but de lui annoncer le départ
du maire et du clerc de la ville qu'on envoyait
en qualité d'ambassadeurs vers le roi Henri V,
l'idole des Anglais.

L'objet de cette ambassade était de saluer le
nouveau roi, de lui offrir un présent de deux
cents tonneaux de vin et cent pour les seigneurs
de la cour, et de lui demander, en même temps,
la confirmation des priviléges, libertés et fran-
chises de la ville de Bordeaux.

Mais la conquête de la Guyenne par les Français engendra encore une crise fâcheuse pour le
commerce du vin. L'ostracisme impolitique
exercé par la couronne de France sur les sujets
anglais en fut la principale cause. Exilés vio-
lemment, ils vendirent leurs propriétés et em-
portèrent avec eux leurs richesses et la prospérité
de la contrée.

Les expéditions de vin continuèrent bien dans
une certaine mesure avec les autres peuples du
Nord ; mais les marchands de la Grande-Breta-
gne ne pouvaient plus faire d'achats dans le

Bordelais qu'à la condition de déposer leur armement à l'entrée de la rivière, sous les canons de la citadelle de Blaye, et d'être suivis pas à pas dans tous les vignobles par des courtiers jurés commissionnés spécialement à cet effet.

La conduite du roi de France sur cette question fut de plus en plus anti-libérale, comme nous dirions aujourd'hui; à tel point que sous les Valois, on vit des édits royaux ordonner l'arrachement des vignes et en limiter la culture, sous prétexte qu'elle nuisait à la production des céréales. Le règne du Béarnais commença heureusement à réparer tous ces désastres; c'est aux Bourbons, en effet, que le vin de Bordeaux doit une reconnaissance qui n'est pas près de s'éteindre si nous sortons enfin des temps troublés où nous vivons.

Le premier vin qui fut en réputation à Paris à l'époque où Paris croyait être toute la France, c'est le vin de Suresnes qui, dans les premiers temps, était potable. Henri IV contribua beaucoup à le mettre en réputation; mais les habitants de cette contrée, qui jouissaient de grands priviléges pour le débit de leur marchandise, changèrent peu à peu les cépages pour viser à la quantité, et, ce qui arrive toujours en pareil cas, détruisirent la qualité et ne firent bientôt que de la *piquette.*

Le médecin Fagon prescrivit à Louis XIV le vin de Bourgogne ; la cour se mit au régime du roi soleil, et la ville suivit l'exemple des courtisans.

Le vin de Bordeaux ne fut cependant pas inconnu aux écrivains du grand siècle ; je n'en veux pour preuve que le passage suivant emprunté au voyage humoristique de Chapelle et de Bachaumont :

> *« Et vîmes au milieu des eaux*
> *Devant nous paraître Bordeaux*
> *Dont le port en croissant resserre*
> *Plus de barques et de vaisseaux*
> *Qu'aucun autre port de la terre. »*

> *Car ce fameux et rude port,*
> *En cette saison a la gloire*
> *De donner tous les ans à boire*
> *Presque à tous les peuples du Nord.*

« La foire qui devait se tenir dans peu de jours avait attiré cette quantité de navires et de

4

marchands quasi de toutes les nations pour
charger les vins du pays ;

« Ces messieurs emportent de là tous les ans
une effroyable quantité de vins ; mais ils n'emportent pas le meilleur. »

Ce témoignage est précieux à plus d'un titre,
car il constate, par le fait d'un rapporteur qui
s'y connaissait, non-seulement la grande expor-
tation des vins de Bordeaux à cette époque vers
les régions septentrionales, mais encore que ce
vin était jugé en France, et par les Parisiens eux-
mêmes, comme étant *du meilleur*.

Il ne faut pas oublier non plus le séjour de
plusieurs mois que toute la Cour fit dans le Bordelais pendant la Fronde (1650), d'abord à Li-
bourne, puis à Bourg-sur-Mer, aujourd'hui
Bourg-sur-Gironde. C'était pendant que le maréchal de la Meilleraie faisait le siége de la ville de
Bordeaux qui avait généreusement donné asile à
la princesse de Condé. Ajoutons, détail historique
très important, que ce siége ne se termina point
par une honteuse capitulation ; mais à la gloire
de la capitale de la Guyenne, qui obtint, pour

elle et les intérêts qu'elle défendait, un traité de paix des plus honorables.

Le vin de Champagne doit sa vogue au marquis de Sillery, qui sut faire apprécier le produit de ses vignes à ses compagnons en bonne chère et en bel esprit, Chaulieu, Lafare et le duc de Vendôme.

Enfin Malherbe vint... ou plutôt le maréchal de Richelieu et son ami le président de Gascq. Grâce à eux, le vin des bords de la Gironde mérita bientôt d'être appelé le roi des vins, et, plus heureux que les autres souverains, il ne redoute ni révolutions populaires, ni les coups d'Etat de despotisme :

Quand des rois d'aujourd'hui la puissance chancelle,
La sienne grandit seule, elle est seule immortelle(1).

Voici comment survint cette heureuse aventure; je la trouve rapportée tout au long dans un livre intéressant publié sur la matière en 1811 , année célèbre dans les fastes vinicoles, par l'abbé Rozier, le comte Chaptal, Parmentier et Dussieux.

(1) P. Biarnés, *Les grands vins de Bordeaux,* poème.

J'ouvre le *Parfait vigneron* à la page 99, et je transcris :

« Le maréchal de Richelieu avait contribué au gain de la bataille de Fontenoy et revenait vainqueur de la campagne de Mahon. Favori de Louis XV, envié des grands et gâté par les femmes de la cour, il jouissait dans le monde, non pas d'une considération imposante, mais de cette célébrité à laquelle on n'est point insensible quand on n'est pas philosophe. Madame de Pompadour, qui avait assez d'esprit pour sentir la nécessité d'attacher quelque éclat à la position très élevée, mais très peu honorable qu'elle occupait à la cour, conçut le projet de faire épouser sa fille, mademoiselle Lenormand, au duc de Fronsac, fils de Richelieu. Le maréchal refusa cette alliance avec une hauteur dont la favorite résolut de tirer vengeance. Richelieu n'était pas un ennemi ordinaire; cependant elle réussit à l'éloigner de la cour. Il reçut, avec le brevet de commandant de la Guienne, l'ordre d'aller établir sa résidence à Bordeaux.

« On l'y reçut avec les plus grands honneurs. Son palais devint bientôt le rendez-vous habi-

tuel de tout ce que renfermait cette belle cité
d'hommes riches ou bien élevés, de femmes aimables ou jolies (1). De Gascq, président au parlement et grand propriétaire de vignobles, y fut
accueilli un des premiers avec une sorte de distinction, parce que sa manière d'être et ses incli-
nations se rapprochaient beaucoup de celles du
maréchal, dont il devint bientôt l'ami particulier.
Dans les fêtes qu'il donnait à ce commandant de
la Guienne, auquel il ne manquait que le titre de
roi, car il en avait tout le faste et presque toute la
puissance, de Gascq ne manquait jamais de donner
aux meilleurs vins de Bordeaux qu'il faisait servir les noms des crûs où il était propriétaire (2).
Ce petit manége, assez commun aux possesseurs
de denrées de cette nature, lui réussit tellement,

(1) L'Hôtel du Gouvernement, habité par Richelieu,
est aujourd'hui le palais archiépiscopal, dont la façade,
précédée d'un jardin et d'une grille, se présente sur la rue
Vital-Carles.

(2) M. de Gascq, président à mortier au Parlement de
Bordeaux, était né dans la rue du Pas-Saint-Georges, où
se trouvait l'hôtel de sa famille. Il cultivait les lettres et
les arts avec succès, et coopéra, avec MM. Sarrau, de
Bordeaux, à l'établissement de la première Académie de
musique qui, dans la suite, devint l'Académie des sciences

4.

que bientôt le maréchal ne voulut, pour ainsi
dire, offrir à ses convives, en vins de Bordeaux,
que ceux du président ; et sitôt que les circonstances lui permirent son retour à Paris, il voulut
que ses caves y fussent abondamment pourvues
du même vin.

« Richelieu, si près de la cour, n'osa pas y
étaler le faste de la vice-royauté qu'il avait
exercée en Guienne ; mais sa réputation d'homme d'esprit et de bon goût, d'heureux capi-
taine, d'ancien favori du roi et de courtisan
plus adroit que servile, lui conserva dans le monde
une prépondérance marquée sur les grands hommes de son rang, qui avaient aussi la manie de
vouloir être imités. Les vins de Bordeaux continuèrent d'être servis à la table du maréchal avec
une sorte de prédilection. A la cour, comme à la
ville, le nombre de ses imitateurs fut bientôt in-
calculable. Selon l'usage pour tout ce qui est de
mode, il en fut de même dans la plupart des

de cette ville. Le principal vignoble du président est
connu aujourd'hui sous le nom de *Château Palmer*
(Margaux-Cantenac). M. E. Pereire l'a acquis en 1853, au
prix de 425,000 francs.

grandes villes de province. De là, l'étonnante consommation qui est faite depuis, et qui se fait encore, dans l'intérieur de la France, des vins de Bordeaux ou réputés de Bordeaux (1). »

Un auteur très accrédité, à la fin du XVIIIᵉ siècle, pour la conscience de ses relations et l'exactitude de ses recherches historiques, l'abbé Baurein dit, à la page 233 du tome II de ses *Variétés bordeloises* : « Nos vins de Graves, autrefois si renommés, ont cédé cet honneur à ceux du Médoc, quoique d'ailleurs ils n'aient rien perdu de leur ancienne bonté. Les vins de Bourg étaient si estimés dans le siècle dernier, que les particuliers qui possédaient des biens dans le Bourgez et le Médoc, ne vendaient leurs vins qu'à la condition qu'on leur achèterait en même temps ceux

(1) Pourquoi dit-on *les vins de Bordeaux* et non *les vins de la Gironde* ou *de la Gascogne*, comme on dit *les vins du Rhône* ou *de la Bourgogne*? En voici l'explication : *Vins du haut pays* : ce sont les vins de toutes sortes de crûs qui se recueillent au-dessous de Saint-Macaire, qui est à sept lieues au-dessus de Bordeaux. On les nomme ainsi pour les distinguer de ceux qui se font dans la sénéchaussée de Bordeaux, qu'on appelle *vins de ville.* (*Dictionnaire des sciences* ou *Encyclopédie générale*, au mot *Vin*, article de M. le chevalier de Jaucourt.)

du Médoc : « C'est un fait que bien des personnes ont ouï dire à ceux qui nous ont devancés. »

Pour qui connaît parfaitement la nature des
différents vins récoltés dans le Bordelais, les pas-
sages que nous venons de citer donnent lieu à un
rapprochement d'idées assez curieux. Les vins
de côtes et de graves proprement dits sont plus
alcoolisés, plus corsés, plus généreux, en un mot,
que le vin de la contrée du Médoc.

Celui-ci se distingue particuliérement dans les
premiers choix par une certaine élégance dans le
bouquet qu'il développe, par une sève peu vigou-
reuse, par une étoffe légère et délicate qui fait
qu'il se laisse boire sans causer à la tête ni à l'estomac une bien lourde charge. Il n'est pas long à
se faire; mais il se défait promptement. A la
quinzième année de son âge, il commence à
décliner, quand ses congénères atteignent facilement le sixième, le septième et même le huitième
lustre. Nos bons aïeux des siècles antérieurs au
XVIIIᵉ, et les peuples sérieux et froids, comme
les Anglais, les Hollandais, les Flamands, pui-
saient et puisent encore leurs approvisionnements
dans la première catégorie. Il leur fallait une

liqueur chaude et généreuse qui répondit à leur nature. La société légère, brillante et polie de la Régence et du règne qui la suivit, était bien faite pour apprécier et adopter une liqueur qui avait avec elle tant de points de rapprochement. Alors, comme aujourd'hui d'ailleurs, le Médoc était l'assaisonnement obligé, le bouquet, disons-le, des repas de gourmets et des soupers galants.

Pendant que, grâce à la mode, le vin de Bordeaux prenait définitivement possession de la capitale, il poursuivait sa conquête pacifique dans le monde entier.

« Le commerce de Bordeaux se rétablit peu à peu, dit Montesquieu à l'abbé de Guasco, et les Anglais ont même l'ambition de boire de mon vin cette année (1). »

Plus loin, l'illustre président, après avoir constaté que le succès de l'*Esprit des lois* avait contribué au succès de son vin (2), ajoute que depuis la paix, *son vin 'ait encore plus fortune en Angleterre que n'en a fait son livre* (3).

(1) Lettre XXIX, 7 mars 1749.
(2) Lettre XXX, 4 octobre 1752.
(3) Lettre LVIII, au commandeur de Solac.

Mais la splendeur du commerce de Bordeaux atteignit son apogée sous le règne de Louis XVI. La guerre de l'indépendance américaine (1) et les expéditions dans les deux Indes, auxquelles les armateurs bordelais prirent une part des plus actives, édifièrent dans notre cité des fortunes considérables. Les monuments publics et particuliers qui nous restent de cette époque en seraient, au besoin, la preuve incontestable.

« Ces grands travaux d'architecture, ces immenses opérations commerciales, ces navires à l'ancre dans le port, ces voiles qui entraient dans la rade ou qui en sortaient, ces quais encombrés de futailles et de marchandises de toute sorte, cette société brillante qui jetait tant d'éclat dans la ville, ces associations littéraires ou scientifiques qui protégeaient les arts et les lettres, ces écoles de peinture et ces musées ouverts; tout cela avait fait de Bordeaux, en moins de quinze

(1) C'est de Bordeaux que Lafayette partit pour se rendre en Amérique, et l'auteur du *Mariage de Figaro*, qui avait entrepris, à l'occasion de cette guerre, des spéculations considérables, établit dans cette ville la base de ses opérations.

ans, non pas seulement un chef-lieu de province, mais une vraie capitale dont Paris commençait déjà à jalouser la splendeur (1). »

Jetons un voile sur la période révolutionnaire et belliqueuse de 1791 à 1815; mais des témoins encore vivants se rappellent, à cette dernière date, l'enthousiasme des alliés pour les vins de la Gironde.

Les récoltes accumulées chez les propriétaires et les négociants furent enlevées à des prix inconnus jusqu'alors, et prirent le chemin de toutes les contrées du nord de l'Europe, principalement vers Londres et Saint-Pétersbourg.

Ce succès ne fut pas peu secondé par la réussite admirable du fameux vin de la Comète (1811), dont dix bouteilles de *Château-Lafite* se vendirent à Bordeaux, en 1868, au prix fabuleux de 121 francs l'une.

Ici nous revient en mémoire un rapprochement curieux révélé par le puissant génie qui avait si

(1) Henry Ribadieu, *Bordeaux pendant le règne de Louis XVI.*

bien étudié dans l'histoire la vie des empires et des républiques :

« Sitôt que les Romains furent corrompus, leurs désirs devinrent immenses. Ou en peut juger par le prix qu'ils mirent aux choses. *Une cruche de vin de Falerne se vendait cent deniers romains* (1). »

Depuis l'apparition de la comète dont nous avons parlé plus haut, soixante années se sont écoulées. La dernière, hélas! aura-t-elle assisté à la consommation de notre ruine! Allons donc!

La France de Clovis, de Jeanne d'Arc et de Henri IV ne peut périr! — Les nations auront beau faire, c'est elle qui, au souvenir de ces nobles traditions et sous la main de la Providence, leur montrera le chemin de l'avenir en leur imposant sa domination consacrée depuis quatorze siècles : *Gesta Dei per Francos.*

L'homme s'agite et Dieu le mène, a dit Bossuet ; ah! que du moins nos agitations cessent de se produire dans le sens de la désorganisation

(1. *De l'Esprit des lois,* livre VII, chap. II.

morale et matérielle de notre grande et malheu-
reuse patrie.

Dans une sage liberté qui est *le développement
dans l'ordre*, unissons-nous, Gaulois et Francs.
Guerre au despotisme sauvage des buveurs de
bière et à l'idiotisme tyrannique des buveurs
d'absinthe !

Puisons désormais dans les vins généreux de
la noble Bourgogne et de l'illustre Aquitaine
la régénération de notre corps et de notre intelligence ; c'est le seul moyen de supporter dignement les coups qui nous ont frappés et de nous
mettre en mesure de reconquérir un jour notre
place à la tête de la civilisation !

Malgré les lourdes charges qu'une fatale nécessité va imposer aux contribuables, espérons que
nos gouvernants comprendront qu'il est de l'intérêt moral et matériel des populations de leur faciliter la consommation de ce breuvage, le seul
véritablement hygiénique et salutaire. Ce sera le
meilleur moyen de combattre, particulièrement
dans la capitale, la fraude et tous les vices résul-
tant de l'ivrognerie de l'alcoolisme. « Un tiers de
Français ne boit point de vin ; un autre tiers

5

n'en boit que de mauvais, accidentellement et comme débouché; l'autre tiers voit rarement sur sa table des vins francs et naturels, c'est-à-dire salubres et bienfaisants. Qu'on juge de ce qui se passe en pays étranger et que l'on dise ensuite ce que serait le commerce des vins s'il eût été, nous ne dirons pas favorisé : c'était, ce serait encore fort inutile; mais seulement laissé à sa libre action, à son développement naturel (1). »

Depuis que ces lignes ont été écrites, la consommation du vin en général, et de celui de Bordeaux en particulier, s'est considérablement accrue et s'accroît tous les jours, en dépit des entraves, par suite de la diffusion de la fortune publique dans toutes les classes de la société et de l'augmentation considérable des voies de communication et des moyens de transport. Nous en donnerons un exemple frappant :

Pendant le blocus continental, une pièce de vin allant de Bordeaux à Cherbourg voyageait pendant un mois et payait 300 fr. pour le transport;

_____

(1) *Dictionnaire du commerce*, art. *Vin*.

à la même époque, le prix du transport de Bordeaux à Paris était de 50 fr. et le délai de quinze
jours.

Aujourd'hui, par steamer, la barrique paie,
de Bordeaux à Cherbourg, 12 fr. et se rend en
quatre jours. De Bordeaux à Paris, le port est de
9 fr. et le délai de cinq à six jours.

Malgré des conditions aussi favorables de trafic
et de correspondance, on peut encore répéter, avec
un célèbre gastronome, *qu'une bonne cave est
aussi rare à Paris qu'un bon poème;* cela tient
certainement beaucoup à l'ignorance du consommateur, mais encore plus, hélas ! aux entraves
peu intelligentes que met le fisc à son introduction
dans la capitale.

« Le vin est si cher à Paris par les impôts que
l'on y met, qu'il semble qu'on ait entrepris d'y
faire exécuter les préceptes du divin Alcoran qui
défend d'en boire (1). »

Si ces lignes n'étaient pas signées du grand
nom de Montesquieu, qui voudrait croire qu'elles

(1) *Lettres persanes.* Lettre XXXVIII.

ne sont pas écrites d'hier et qu'elles ont un siècle
et demi de date ?

Dans ce temps-là
C'était déjà comme ça.

Quand cela finira-t-il ?

III

CLASSEMENT

—

'EXCELLENCE des vins de Bordeaux est trop universellement notoire pour qu'il soit besoin de l'établir plus amplement que nous ne l'avons fait dans les considérations qui précèdent.

Quelle que soit leur diversité, ils ont entre eux des rapports généraux qui les distinguent de ceux des autres pays. Leur caractère propre, dans la mesure de la qualité de chacun d'eux, est : une belle couleur pourprée, beaucoup de velouté, une grande finesse, un bouquet très suave : d'avoir du corps sans rudesse, une sève prononcée qui,

5.

embāumant la bouche, la laisse fraîche et exempte de toute odeur vineuse; de fortifier l'estomac sans porter à la tête, et de ne pas incommoder, même en les buvant à haute dose. Ils ne redoutent ni les variations de température ni les longs transports qui fatiguent d'autres vins aussi estimés. C'est à cette dernière propriété que les vins de Bordeaux doivent la renommée qu'ils ont acquise dans le monde entier.

Les vins rouges de Bordeaux se déterminent, comme généralité, en quatre classes :

1° Les *vins de palus*, récoltés sur les terres basses bordant généralement les deux grandes rivières qui traversent le département de la Gironde ; ils sont mous et ont goût de terroir. Les voyages d'outre-mer leur sont très favorables; aussi forment-ils une grande partie du vin de cargaison.

Les plus communs sont coupés avec de petits vins blancs pour alimenter les cabarets.

2° Les *vins de côtes*, qui se récoltent sur les terres hautes et rocheuses, principalement sur les collines qui suivent la rive droite de la Dordogne (Saint-Emilionais, Fronsadais, Bourgeais) et dans l'Entre-deux-Mers (pays entre Garonne et Dordogne).

> .... *Denique apertos*
> *Bacchus amat colles........*

Ils sont fermes, colorés; un peu durs d'abord, ils acquièrent en vieillissant de la finesse et un bouquet particulier qui les rend très agréables. Ils ont, de plus, le mérite bien rare parmi les autres vins de France de conserver ce bouquet malgré le mélange de l'eau qui les accompagne presque toujours dans l'usage habituel. La production en est considérable; on les recherche comme bons vins d'ordinaire et vins fins dans les premiers crûs.

Ces derniers, suivant leur degré alcoolique, leur couleur et la finesse de leur parfum, se comparent ici aux vins de Bourgogne, et là à certains crûs du Médoc avec lesquels le commerce les marie souvent au profit des uns et des autres (1).

3° Les *vins rouges de graves*. Ils sont le produit de quelques communes de la banlieue de

---

(1) A ce point de vue, on leur donne, dans la Gironde, l'épithète caractéristique de *vins médecins*.

Bordeaux. Récoltés sur des terrains mélangés de sable et de gravier, ils sont chauds et corsés, et, quand ils ont vieilli, rivalisent aussi avec ceux des bons crûs du Médoc.

4° *Les vins de Médoc*. Ils se récoltent dans les arrondissements de Bordeaux et de Lesparre, sur des terrains excessivement variés, ondulés, faits de sable et de cailloux. Ces vins, parvenus à leur plus haut degré de qualité, sont pourvus d'une belle couleur, d'un bouquet qui participe de la violette, de beaucoup de finesse et d'une saveur extrêmement agréable ; ils doivent avoir de la force sans être capiteux, ranimer l'estomac en laissant la bouche fraîche. Ils se divisent en cinq classes : de grands crûs ou châteaux (1). Viennent ensuite les premiers et seconds *bourgeois* et les *paysans* de différents mérites. Dans la consommation, on les connaît généralement sous les noms de *Margaux*, *Saint-Julien* et *Saint-Es-*

_____

(1) Ce nom de *château*, que l'on ajoute à celui du domaine, n'implique pas une grande habitation de maître ; cette désignation est appliquée, dans le Bordelais, à tout vignoble dont le mérite, dû à son sol et aux soins dont il est l'objet, lui ont valu d'être classé hors de la foule des crûs dits *bourgeois et paysans*.

tèphe, noms qu'ils empruntent à trois communes plus favorisées sous le rapport des crûs classés.

Comme il arrive toujours, du reste, le vulgaire, qui prend facilement la partie pour le tout, applique le nom de Médoc à tous les vins qui ne sont pas récoltés sur les côtes, et donne aux produits de ces dernières le nom général de *Saint-Émilion*.

La qualification de *vins de graves* est plus particulièrement réservée aux vins blancs ordinaires, tandis que les vins fins de cette couleur sont appelés vins de *Sauternes;* nouvel exemple de l'attribution du nom d'une seule petite contrée à un territoire comprenant plusieurs cantons.

Les vins blancs de la Gironde ne méritent pas moins de réputation que les rouges, et ils la possèdent particulièrement dans les contrées du Nord de l'Europe, où ils apportent un excitant salutaire aux tempéraments les plus généralement répandus dans ces climats que le soleil néglige un peu. Le grand prix qu'y mettent les vrais connaisseurs en fait foi (1).

(1) Dans un voyage qu'il fit à Bordeaux après la guerre

Dans les récoltes des bons crûs et des bonnes années, on trouve, au premier degré, parfum, finesse, élégance, tout ce qui constitue enfin le vrai nectar :

> *Sa liqueur est blonde et vermeille,*
> *Son parfum est plus doux encor,*
> *On dirait qu'un rayon sommeille*
> *Épanoui dans son flot d'or* (1).

S'il y a dans certains esprits des préventions exagérées contre le vin blanc, c'est à cause de l'abus qu'il est facile d'en faire par l'agrément qu'on trouve à le boire. Mais, pris avec modération, il est nourrissant et hygiénique comme le vin rouge. Il est diurétique ; ses effets sont plus prompts, il porte plus vite à la gaîté ; et quand, à la suite d'un léger excès, il provoque un commencement d'ivresse, elle est plutôt dissipée que celle produite par le vin rouge.

Sa transparence et le prix généralement modéré auquel on peut se le procurer dans les qualités

de Crimée, le grand-duc Constantin paya 24,000 fr. un tonneau (quatre barriques) de Château-Yquem 1847.

(1) Brindisi, de l'opéra de *Galathée.*

ordinaires, le mettent, beaucoup plus que le rouge, à l'abri des falsifications.

C'est principalement à cela qu'il doit l'immense honneur d'avoir été choisi par la liturgie catholique, pour occuper une des fonctions les plus importantes dans la plus auguste de ses cérémonies. Avec lui, le prêtre est plus certain de consacrer le vrai sang de l'arbre symbolique : *Vinum ex vite*, comme disent les saints canons.

C'est lui qui fait jaillir l'étincelle de l'esprit gaulois et qui est le principe actif de la verve gasconne. En effet, si le caractère français se distingue d'une manière tranchée sur celui des autres nations, par sa vivacité et ses sentiments généreux, c'est surtout dans les contrées qui produisent le vin blanc. Il y est consommé soit pur, soit mélangé avec d'autres vins rouges du Midi, très colorés, mais plats, qu'il relève par son énergie, et constitue ainsi la boisson ordinaire de la classe la moins aisée, qui est la plus nombreuse (1).

---

(1) *Boire le vin blanc pour chasser le brouillard* ou pour *tuer le ver* avant de se rendre, au lever du jour, à leurs chantiers, est un usage généralement adopté dans le midi

Cette population est bruyante quelquefois, jamais méchante ; c'est elle qui fournit à l'agriculture et à l'industrie ces travailleurs petits de taille, mais lestes et propres à tous les métiers, à l'armée les neuf dixièmes de ces compagnies d'élite, voltigeurs, zouaves et chasseurs à pied, que rien ne rebute et devant qui rien ne résiste ; d'un entrain communicatif qui les accompagne en toutes circonstances ; sachant *se tirer d'affaire,* dans quelque situation qu'ils se trouvent, et dont on a dit plaisamment, avec vérité, qu'ils étaient toujours les premiers au feu et à la marmite.

de la France par tous les ouvriers des champs et des villes. Ce véritable *coup de l'étrier* ne dégénère jamais en abus à ce moment-là. Il est à remarquer d'ailleurs que tous les pays de vignobles donnent beaucoup moins que les autres le spectacle public de l'ivrognerie. Tout au plus le dimanche dans les campagnes, et le lundi dans les villes, à la nuit tombante, quelques groupes de travailleurs, plus gais que d'habitude et moins solides sur leurs jambes, regagnent en chantant leur logis où un bon somme les guérira facilement d'une ivresse qui ne ressemble en rien à celle produite, dans les autres contrées, par l'excès des boissons alcooliques et fermentées.

IV

CHOIX

——

L ne pouvait entrer dans notre pensée de donner à nos lecteurs, dans le cadre restreint de cet ouvrage, une nomenclature des crûs de la Gironde ; elle eût été pour eux plus nuisible qu'utile. A part quelques noms de grands crûs, dont la notoriété est universelle, l'énumération de plus de mille noms les aurait livrés à l'indécision et à l'embarras du choix.

Ce genre d'étude est plus dans la pratique des maisons de commerce qui achètent le vin en gros sur les lieux de production, pour le revendre au commerce de détail ou à la clientelle bourgeoise.

6

Encore y a-t-il, entre ces maisons et les propriétaires, des intermédiaires ou courtiers qui consacrent tout leur temps à l'étude sérieuse et approfondie, non de tous les crûs du Bordelais mais de ceux d'une seule contrée, parfois circonscrite dans quelques cantons ou un seul arrondissement. Au point de vue de l'acheteur, les vins de Bordeaux se classent ainsi : *Vins ordinaires*, ou d'*ordinaire*, et *vins fins*.

Les *vins d'ordinaire* sont ainsi nommés parce que c'est d'abord la plus importante quantité fournie par la production, et qu'ensuite ce sont ceux qui, par leur prix modéré, entrent principalement dans la consommation générale et n'ont ni le parfum ni la suavité des vins vieux et de qualité supérieure.

Selon leur origine et leur nature particulière, on les boit lorsqu'ils ont atteint leur seconde, troisième ou quatrième année ; n'ayant encore perdu qu'une faible partie de leur couleur et des autres principes tanniques, ils sont plus nourrissants que les vins d'un choix plus relevé et supportent mieux l'eau, avec laquelle les consommateurs les boivent sur leur table.

On nomme *vins fins* tous ceux, quelle que soit leur origine, que leur âge et la réunion d'un certain nombre de bonnes qualités rendent dignes d'être présentés extraordinairement sur les meilleures tables, sous la dénomination de *vins d'entremets*.

En principe, les seuls crûs *classés* ont la spécialité des *vins fins*, et les *vins d'ordinaire* sont produits par les crûs dits : *bourgeois et paysans*.

Mais, dans la pratique, cette règle est susceptible de nombreuses exceptions. Tel crû *classé* peut avoir, telle année, sa récolte moins bien réussie que celle de tel crû *bourgeois,* son voisin. Tel *vin fin,* goûté trop tôt ou dans de mauvaises conditions, sera positivement inférieur à tel *vin d'ordinaire* bien soigné et qu'on aura laissé vieillir.

Ayez, autant que possible, un correspondant dans le pays même de production, négociant ou propriétaire (il y a d'honnêtes gens partout), indiquez le prix que vous ne voudrez pas dépasser, l'usage auquel le vin est destiné ; si vous le désirez, selon vos goûts, *léger* ou *corsé,* et vous en rapportez entièrement au discernement et à la conscience de l'expéditeur (1).

On peut faire ses approvisionnements en tout temps. Néanmoins, l'époque la plus favorable sont les mois de mars ou de septembre, parce que c'est le meilleur moment pour les soutirages, et que cette opération doit toujours précéder le déplacement du vin d'un cellier dans un autre ou pour le faire voyager.

(1) Il est fort difficile, on le comprendra, d'indiquer, même approximativement, les prix auxquels on doit s'arrêter. Cela dépend avant tout de la position de celui qui achète, et il y a, en somme, du vin à tout prix. Comme base d'appréciation, disons pourtant que le vin commun, pour les gens de service ou la consommation économique, se cote en moyenne de 90 à 110 francs la barrique bordelaise (225 litres); l'ordinaire et grand ordinaire, de 125 à 300 fr.; de 300 à 600 fr., on a déjà d'excellents vins fins, et ainsi de suite. Pour les vins en bouteilles, on peut s'en procurer depuis 1 franc; mais on obtient de très bon vin d'entremets dans une moyenne de 3 fr. qui peut s'élever à 15 ou 20 fr.; tout cela par gradation de 25 à 50 fr. par barrique et de 25 à 50 centimes pour les bouteilles.

V

DÉGUSTATION

———

OUTER un vin pour en déterminer le mérite ou les défauts, n'est pas chose aussi aisée qu'on pourrait le croire. L'étude et la réflexion dans l'analyse des sensations sera d'une nécessité urgente.

En goûtant pour la première fois un vin qu'il viendra de recevoir, le consommateur devra donc se méfier de toute prévention basée sur une impression défavorable à la marchandise ou à l'expéditeur. L'habitude est tellement, on l'a dit, une seconde nature, que notre palais, accoutumé à trouver bon un liquide même vicieux, peut

6.

nous faire trouver désagréable un vin sur la pureté duquel nous aurons toutes les garanties désirables.

En principe absolu, il ne faut jamais goûter qu'après plusieurs jours de repos, un vin qui vient de voyager, soit en fût, soit en bouteilles.

La qualité et l'agrément que l'on trouve dans un vin dépendent aussi des aliments qui ont précédé la dégustation. Quelle que soit la valeur de celui que l'on boit après avoir mangé des mets doux ou sucrés et des fruits acides, il semblera moins agréable.

Disons toutefois que, pour apprécier un vin de Bordeaux bien choisi, il n'est pas nécessaire d'avoir recours aux mets épicés et aux fromages de haut goût.

C'est une pratique du vulgaire, dans la consommation des vins médiocres ou altérés, qui a donné naissance à ce dicton dépourvu d'atticisme : *Le fromage est le biscuit des ivrognes.*

Il est impossible de préciser toutes les nuances qui distinguent un vin pur de celui qui est mélangé ; dans sa *Topographie des vins*, Jullien dit, en parlant du Bordelais : « Presque tous les vins rouges de ce pays ont une légère âpreté qui les caractérise ; elle n'est pas désagréable pour les personnes qui en font un usage journalier ; mais, à la première dégustation, elle déplaît quelquefois à celles qui sont habituées à boire les vins délicats de la Bourgogne, les vins un peu plats de l'Orléanais ou les vins doux et coulants que produit le mélange de plusieurs. Cette âpreté, qui s'affaiblit d'ailleurs en vieillissant, est due à l'excès de tannin dont ils sont pourvus, lequel, avec les sels de fer qui leur sont propres, constitue leur qualité particulièrement hygiénique. »

Finesse et agrément de bouquet, délicatesse de la sève, goût légèrement styptique, couleur franche et prononcée, limpidité incomparable, qualités toniques et apéritives, innocuité complète lorsqu'on en use même un peu largement, tel est l'ensemble des perfections qui a rendu les grands vins du Bordelais célèbres depuis des siècles et dans toutes les contrées du globe. Il faut ajouter que, producteurs et négociants de la contrée, soignent admirablement la vinification et la conservation. Des commerçants en petit nombre et de bas étage encourent seuls le reproche de gâter de si belles qualités par des mélanges qui deviennent alors de véritables falsifications.

Que l'acheteur qui aura eu la bonne fortune de trouver un correspondant dans le pays même de production ne s'en tienne pas à une première expérience; qu'il persévère en puisant à la même source; qu'il tâche surtout, en faisant une première réserve, d'échelonner ses renouvellements de provision, de manière à ne boire que du vin déjà vieux en bouteilles.

Dans le Bordelais, où l'on s'entend naturellement mieux que partout ailleurs à la dégustation du vin, à moins de presse ou de besoin imprévu, on ne boit jamais, même à l'ordinaire, d'un vin qui n'aurait pas six mois de bouteille et généralement une année, au moins.

Quant aux vins d'entremets, chacun y met un véritable amour-propre à servir les plus vieux comme les meilleurs.

« Le scepticisme en matière de dégustation est assez à la mode aujourd'hui. On frappe volontiers avec l'arme du ridicule le soin, l'attention réfléchie avec lesquels, dans la Gironde surtout, on procède à cette opération. L'ensemble de pré-

cautions, l'appareil semi-scientifique et quelquefois magistral dont nos véritables gourmets en-
tourent la consommation d'une bouteille précieuse, provoquent le sourire et les lazzi des
incompétents. Rien n'est plus sérieux cependant.
Ce n'est qu'au prix des soins antérieurs d'un décantage méticuleux, dans un milieu bien défini,
que le nectar divin développe son parfum, étale
le brillant de sa robe, déploie l'harmonie élégante
de sa saveur et de son corps, et verse dans le
palais du buveur intelligent et charmé ses trésors,
sa douce chaleur et une nouvelle source de vie.
Nous ne faisons point d'exception, quelle que soit
la provenance des vins. D'où qu'ils proviennent,
s'ils touchent à l'aristocratie des crûs, ils présentent
les mêmes susceptibilités, exigent les mêmes soins
à peu près, qui tournent toujours au profit de leurs
qualités et de l'agrément du consommateur (1). »
Vous reconnaîtrez bientôt l'avantage d'un
tel régime. Est-il besoin d'insister sur les

(1) M. Dupont, secrétaire général de la Société d'agriculture de la Gironde. (Article bibliographique sur la
deuxième édition de cet ouvrage dans le journal de
la Société du 25 janvier 1869.)

qualités hygiéniques du vrai vin de Bordeaux,
véritable élixir de longue vie, qui n'est plus qu'un
poison dangereux quand il a été dénaturé par
des sophistications malsaines ?

VI

OBSERVATIONS SUR LES VINS EN BOUTEILLES

———

L E vin ne se développe parfaitement qu'après un séjour de plusieurs mois dans la bouteille. Il contracte même, en y entrant, une sorte de maladie qui le rend, à la dégustation, moins agréable qu'au sortir du fût; mais c'est une crise nécessaire, sans doute, puisque, peu de temps après, il entre dans une voie d'amélioration qui n'a de borne que l'instant qui précède sa décadence, au bout d'un certain nombre d'années.

Cela est si vrai, que le consommateur qui pourra faire une provision de quelque impor-

tance se convaincra par lui-même qu'un vin de
bonne qualité et de bonne origine, vendu comme
vin d'ordinaire, devient, au bout de quelques
mois, supérieur à tel vin fin payé beaucoup plus
cher, mais qui aurait été mis prématurément en
consommation.

Les vins en bouteilles forment un dépôt plus
ou moins considérable, suivant qu'ils possèdent
plus ou moins de vinosité. Ce dépôt ne nuit en
rien à la qualité de la liqueur, si on a la précaution de les séparer l'un de l'autre par le décantage.

Quand on doit offrir à ses convives du vin de
Bordeaux, il faut faire monter les bouteilles de la
cave plusieurs heures, un jour si l'on peut, avant
le moment fixé pour la réunion, et les placer
debout sur le dressoir. Une heure environ avant
le repas, on doit déboucher la bouteille avec précaution, de préférence avec un tire-bouchon à
levier et vis de pression formant point d'appui,
afin d'extraire le bouchon graduellement et sans
secousses.

Laissons ici la parole au chantre des *Grands
vins de Bordeaux*; il parle du maître de maison,

qui, jaloux de bien traiter ses convives, ne laisse
ce soin à personne :

> *Sa main.............................. ....*
> *Prend un tire-bouchon talisman du gourmet,*
> *L'enfonce, et, sans changer le verre de son siége,*
> *Du goulot lentement il fait glisser le liége ;*
> *Sous le flacon qu'il tient toujours horizontal ;*
> *Il présente aussitôt un flacon de cristal ;*
> *L'œil attentif, fixé sur le brillant liquide,*
> *Sa main le fait couler tant qu'il paraît limpide ;*
> *Si de tartre ou de lie un atome paraît,*
> *Il s'arrête..... le fond ne vaut pas un regret.*
> *C'est ainsi que toujours transparente et vermeille,*
> *La liqueur doit sortir d'une vieille bouteille.*
> *Fi de ces faux buveurs, ces hôtes incomplets*
> *Qui par des noms pompeux allèchent vos palais,*
> *Et, se fiant aux soins d'une foule avilie,*
> *Avec les plus grands vins vous font boire la lie !*

Souvent un vin dont le bouquet est suave et
délicat, peut être très mal jugé parce qu'on le
goûte au sortir d'une cave trop fraîche. On peut,
dans ce cas, le réchauffer soit au bain-marie, soit
en l'approchant du foyer. La bouteille doit avoir
été préalablement débouchée, et le bouchon remis
dans le goulot et légèrement assujetti.

Cette précaution ne doit pas dégénérer en abus en laissant la bouteille exposée trop longtemps à l'action de la chaleur. Le liquide doit être seulement ramené à la température de l'appartement ; le bouquet se développe alors de lui-même, en agitant le verre, sous l'*organe du sens de l'odorat*, comme aurait dit l'abbé Delille.

Quand le liquide en vaut la peine, il faut l'étudier très attentivement sous ce rapport, car certains vins éprouvent une sorte de transformation après un séjour d'un quart d'heure dans le verre.

On ne saurait assez recommander le décantage fait avec soin : un vin fin de Bordeaux perd toute sa valeur lorsqu'il est bu trouble et ne vaut alors guère plus qu'un vin ordinaire de basse qualité ; tandis que, bien décanté, il développe le bouquet qui distingue nos vins, et ce moelleux et ce velouté qui sont recherchés par les véritables gourmets (1).

(1) J'étais un jour, loin de Bordeaux, à la table d'un ami de ma famille qui, pour me faire honneur, envoya chercher à la cave une vieille bouteille contenant un produit des vignes paternelles : — « Jean, dit mon hôte au domestique qui l'apportait, tu ne l'as pas secouée ? » — « Non, monsieur, pas encore ! » Et lui de secouer.

Ces précautions sont inutiles, inopportunes même pour le vin blanc qui gagne, au contraire, à être bu frais.

Il ne faut donc le retirer de la cave qu'au moment de le servir à table.

Il est essentiel de ne jamais laisser les bouteilles ou flacons débouchés; plus le vin est séveux, plus il est sujet à s'éventer.

Nous profitons de l'occasion qui nous est offerte pour blâmer de toutes nos forces l'usage si peu rationnel du *panier berceau* trop générale ment adopté à Paris, même dans les meilleurs établissements.

Cette ridicule mise en scène ne satisfait que les ignorants et les niais qui se figurent boire du Lafite en dégustant, les yeux au ciel, du *simili-médoc*, parce que on le leur aura servi dans une bouteille couverte de toiles d'araignées et couchée dans un berceau de paille taché de lie; lequel est

croyant bien faire. Qu'on juge de notre hilarité. Le pauvre garçon, tout penaud, en fut quitte pour aller en chercher une autre, mais avec de telles précautions, cette fois, que la bouteille n'était pas arrivée avant la fin du repas.

parfois remplacé, suprême distinction! par un chariot d'argent (Ruolz) (1).

Croyez-moi, aimables et élégants buveurs; exigez que l'on vous présente le vin de votre

(1) Ne vous exagérez pas la vieillesse du vin qu'on vous apporte dans un panier et rappelez-vous l'anecdote suivante :

Deux amis dînent ensemble; c'est l'occasion de boire une de ces vieilles bouteilles qui disparaissent sous la poussière du temps.

— J'ai votre affaire! dit le maître de la maison, un vieux bordeaux oublié au baptême de mon grand-père; et il disparaît en laissant les deux amis pleins de joie et tournant le coin de leurs serviettes dans leurs verres pour les rendre plus dignes de recevoir le vénérable nectar.

Le restaurateur reparaît, marchant doucement, et dépose sur la table la bouteille emmaillottée de toiles d'araignée. Le bouchon a été à demi tiré dans l'office, il n'y a plus qu'à l'enlever tout à fait.

L'invité tend son verre, l'amphitryon débouche enfin; ô stupéfaction! une mouche s'envole légèrement du goulot en bourdonnant son chant de liberté au nez des deux convives!

Le restaurateur, qui s'est contenté de verser du jeune vin dans une vieille bouteille, s'excuse en disant que l'indiscret insecte s'est glissé dans le goulot pendant le temps qu'il décantait le vin à l'office.

(H. de Villemessant, *Comment on mange à Paris*, article du *Figaro* du 30 août 1872.)

choix bien décanté dans une belle carafe de cristal. *L'habit ne fait pas le moine*, ni le flacon, la liqueur; mais au lieu de voir s'étaler au milieu d'un beau service un verre noir et poussièreux, quel charme pour les yeux, avant d'en aspirer tous ses parfums, de voir la liqueur divine faire éclater en gerbes irisées, parmi les mets fumants et délicats, ses flamboyants rubis ou ses topazes rayonnantes!

VII ·

ORDRE DE SERVICE DES VINS A TABLE

———

Vous *avez satisfait à vos nombreux désirs,*
Mais Bacchus vous attend pour combler
[*vos plaisirs.*

. . . .

Vos convives, déjà, dans un juste embarras,
Vous adressent leurs vœux et vous tendent les bras.
Venez à leur secours, offrez-leur à la ronde
La liqueur qui nous vient des bords de la Gironde ;
Le vin de Malvoisie et celui de Palma,
Le Champagne mousseux, le Christi-Lacryma,
Le Chypre, l'Albano, le Clairet, le Constance ;
Choisissez-les toujours au lieu de leur naissance.

(Berchoux, *la Gastronomie*, chant IV.)

L'*Almanach des gourmands* nous dit, par la voix autorisée de Grimod de la Reynière :

« Soit qu'on serve les entremets à l'entour du rôti, soit qu'on en fasse un service à part, c'est toujours à cette époque du diner qu'interviendront les vins fins. Ces vins doivent être choisis dans les meilleurs vignobles de France. Si l'on sert du vin de diverses espèces, il est d'usage de commencer toujours par le rouge, et ordinairement par les vins de Bordeaux de cette couleur. »

Notre modeste avis est qu'après le potage on ferait beaucoup mieux de s'en tenir à un petit verre de vin de Bordeaux rouge, pur et de bonne qualité ; c'est le véritable *coup du médecin*, dans le sens que lui donnaient nos bons aïeux.

> « *Après la soupe, un verre de vin*
> « *Ote une visite au médecin.* »

« Ce doigt de vin pur, disent les rédacteurs de l'almanach plus haut cité, est le seul qu'un véritable gourmand boive en vin ordinaire ; car ne pas boire d'eau rougie au premier service, c'est sacrifier la jouissance future à l'orgueil présent. »

Après les huitres, avec les hors-d'œuvre et

particulièrement au repas du matin, on sert les vins blancs de *Graves*, de *Barsac* ou de *Sauternes*; à dîner, dès le premier service et pour ordinaire, un bon vin rouge de *côtes* qui puisse supporter le mélange de l'eau ; viennent ensuite les vins *fins* ou d'*entremets* dans l'ordre des plus tempérés aux plus généreux et aux plus parfumés. Dès le rôti, l'amphitryon fera circuler les plus grands vins qu'il aura pu tirer de sa cave, et cela jusqu'au dessert inclusivement. Le vin de Champagne frappé sera le dernier.

Quand il y a des dames, on offre des vins de liqueur pour accompagner les pâtisseries; mais ces liquides, nuisibles à une bonne digestion, devront être négligés par les vrais amateurs, à moins qu'il ne s'agisse des *Véritables* vins de Tokai, Constance, Schyraz, Chypre ou les analogues.

Quelquefois, entre le premier et le second service, on offre, soit un sorbet au rhum ou au vin de Madère, soit un verre de punch à la romaine. Cette méthode est adoptée dans les grands repas d'apparat, surtout en Angleterre et en Russie. En France, — mais l'usage en a bien disparu, —

dans les repas de famille et d'amis, on fait passer tout simplement du vin de Madère, ou de vieux rhum, ou de vieille eau-de-vie; c'est ce qui s'appelle vulgairement le *coup du milieu*.

A ce sujet, nous ne résisterons pas au plaisir de transcrire ici un passage intéressant d'une publication bordelaise, assez rare aujourd'hui, éditée au commencement de ce siècle. Nos lecteurs y trouveront un échantillon curieux des mœurs et du style de l'époque :

« C'est dans ce recueil (l'*Almanach des gourmands*) qu'on trouve la description de la manière dont le *coup du milieu* se sert dans les banquets à Bordeaux, et qu'on y apprend qu'une aussi agréable invention est due aux habitants de cette ville, d'ailleurs si chère aux amis de *Comus*. Une circonstance que l'auteur de l'*Almanach des gourmands* a omise, c'est que le *coup du milieu* fut en pratique à Bordeaux aussitôt que l'on commença à n'y plus éprouver la famine qui accompagna le règne de la Terreur. »

« Il paraît, en effet, naturel que l'estomac ayant recouvré les moyens de se remplir plus qu'auparavant, il devait chercher à reprendre des forces qu'il avait perdues pendant quinze ans d'une abstinence forcée. »

« En l'an IV, le *coup du milieu* fut d'abord nommé le vin d'*adieu au représentant.* »

Quoi qu'il en soit de ces graves discussions, voici ce qu'on lit dans l'*Almanach des gourmands :*

« Entre le rôti et les entremets, c'est-à-dire vers le milieu du dîner, on voit à Bordeaux les portes du festin s'ouvrir et apparaître une jeune fille de dix-huit à vingt-deux ans, grande, blonde et bien faite. Elle a les bras retroussés jusqu'à l'épaule, et tient d'une main un plateau d'acajou dans lequel sont enchâssés autant de verres qu'il se trouve de convives, et de l'autre un flacon de cristal rempli soit de rhum, soit de vin d'absinthe, soit de vermouth. Ainsi armée, notre *Hébé* fait le tour de la table en commençant par le meilleur gastronome ou le plus qualifié des convives. Elle verse à chacun un verre du *nectar* amer qu'elle est chargée de distribuer, et se retire en silence. »

« L'effet du *coup du milieu*, continue l'écrivain que nous citons, est presque magique; chaque convive se retrouve alors dans les mêmes

conditions qu'en se mettant à table, et il est prêt
à faire honneur à un second dîner. Aussi le principal soin du maître de la maison doit-il être de
ne pas faire arriver le *coup du milieu* trop tard,
parce qu'alors chacun, en quittant la table, aurait
de l'appétit de reste (1). »

Madame la comtesse de Bassanville dit, dans
son *Code du cérémonial :*

« On ne sert jamais de vin de Champagne ni
de vins étrangers à un déjeuner. A un souper, au
contraire, le premier luxe est la recherche des
vins. »

De la même :

« On n'offre, à un réveillon, que des vins de
Bordeaux : tous autres vins en sont exclus. »

Les vins de Bourgogne, en effet, chargeraient
trop l'estomac de gens qui se disposent à gagner
le lit en sortant de table.

Puisons encore quelques bons avis dans l'*Almanach des gourmands*, déjà si heureusement cité :

« Un bon amphitryon doit s'abstenir de vanter

(1) Bulletin polymatique du muséum de la ville de
Bordeaux, 1805, page 371.

les mets et le vin qu'il offre ; mais il doit de temps en temps jeter un coup d'œil scrutateur afin de s'assurer si les domestiques ont soin de remplacer les bouteilles vides ; il doit veiller à ce que les convives soient toujours servis avec célérité et suivant leurs désirs. »

Chaque fois qu'un domestique offre du vin, il doit nommer ceux contenus dans les bouteilles qu'il porte en indiquant la provenance et le crû ; par exemple : *Bordeaux*, *Château-Lafite*, ou : *Bourgogne, Bourgogne-Chambertin.* N'oublions pas les recommandations suivantes, derniers vestiges de l'antique chevalerie française :

« Le voisin d'une dame devient son cavalier servant ; il doit surveiller .son verre et son assiette comme les siens propres. De son côté, la voisine doit se montrer aimable et reconnaissante :

« Ces soins et ces égards, ajoute finement le législateur, peuvent trouver leur récompense, *on n'est pas toujours à table.* »

Empruntons enfin à un livre moins poétique, mais plus pratique, un conseil qui s'adresse particulièrement à la maîtresse de maison. Bien manger ne doit pas aller sans bien boire, et réci-

8

proquement. Écoutons donc M. Jules Gouffé, un *maître-queux* : — « On se figure parfois, nous dit-il dans son beau *Livre de Cuisine,* que le vin que l'on destine à la cuisine peut être impuniment de qualité médiocre, et que les sauces et ragoûts n'en souffriront pas. C'est avec un regret profond que j'ai entendu dans de bonnes maisons, qui avaient cependant l'amour-propre de leur table, dire, en parlant du vin avarié : « Ce sera toujours assez bon pour la cuisine. » On ne saurait trop combattre cette opinion fausse et dangereuse. Ce que j'ai dit au sujet des denrées, je le répète ici plus hautement au sujet du vin : Vous ne ferez jamais de bonne cuisine avec des vins usés et de qualité inférieure. Toutefois, lorsque je dis qu'il faut toujours employer de bons vins en cuisine, j'entends que l'on se tienne dans une moyenne de bons ordinaires rouges et blancs. »

VIII

VINIANA

LE VIN ET LA SAGESSE DES NATIONS

———

'EST un fait digne de remarque, dit le docteur Artaud, que ce consentement universel de la race humaine, *ce consensus omnium*, anciens et modernes, poètes et prosateurs, savants et ignorants, médecins et philosophes, peuples et rois, prophètes et saints, pour faire l'éloge de la vigne, pour exalter les mérites du vin pris modérément et flétrir l'ivrognerie.

Pindare proclame, des hauteurs du Parnasse, cette vérité hygiénique : *L'effet du vin pris dans une juste mesure est d'agrandir et d'élever l'âme ; c'est alors que les soins, les inquiétudes s'éloignent du cœur de l'homme.*

✹

Diphyle, contemporain de Ménandre, invoquait ainsi le fils de Sémélé : *O Bacchus ! délices des sages, toi seul relèves les hommes tombés dans la misère ; tu dérides les fronts les plus sévères ; par toi, l'homme faible et timide devient fort et courageux.*

✹

Les buveurs, dit Chérémon, *trouvent au fond de la coupe la joie, la science, la sagesse et les bons conseils.*

✹

Euripide, dans ses *Bacchantes* : *Le vin a été
donné à l'homme pour calmer ses peines.*

Ↄ╬C

Platon, dans son *Cratyle* : *Le vin remplit
notre cœur de courage.*

Ↄ╬C

Mnésithée, d'Athènes, raconte que les Athé-
niens allèrent consulter, en temps d'épidémie,
l'oracle de Pythie, et qu'ils reçurent pour ré-
ponse : *Rendez vos respects à Bacchus médecin.*

Ↄ╬C

Cicéron ne pouvait se lasser de l'aspect de la
vigne : *Satiari ejus aspectu non posse.* (De Se-
nectute, § 15.)

Ↄ╬C

8.

Et Virgile, Horace, Ovide, Tibulle, quel concert d'éloges en l'honneur du vin ! Leurs vers sont familiers à tous les esprits cultivés : *O mon cher Lucanius,* disait Ausone le Bordelais, *je cherche avant tout un vin généreux qui chasse mes soucis, soutienne mes brillantes espérances, et qui, en se répandant dans mes veines, échauffe mon âme et me rende la vigueur de la jeunesse.*

⌘

Pythagore, dans sa *Loi morale et politique,* dit d'abord : *Abstiens-toi du vin, le vin est le lait des passions (vinum lac Veneris).* Mais il dit plus loin : *Un bon vieillard ressemble au vin vieux qui a eu le temps de déposer sa lie.*

⌘

Boëce reconnaît l'effet salutaire du vin sur l'intelligence : *Vinum modicè sumptum acuit ingenium.* Le vin pris avec modération rend l'esprit plus pénétrant.

ༀ

Le vin vient de Dieu et l'ivrognerie du diable,
disait saint Chrysostome.

ༀ

Selon saint Augustin : *Le vin a été créé pour
rendre l'homme heureux et non pour l'enivrer.*

ༀ

Saint Hilaire, évèque de Poitiers, dit que : *le
vin fortifie le corps, comme la parole de Dieu
fortifie l'âme.*

ༀ

Saint Bonaventure, le Docteur séraphique,
l'homme de la modération en toutes choses, s'ex-
prime ainsi : *Couper son vin avec de l'eau, plaît
à Dieu, édifie le prochain et convient à la pureté
du religieux.*

Enfin, selon le sage roi Salomon : *Le vin a été créé pour réjouir le cœur de l'homme, et non pour éteindre sa raison et affaiblir son esprit; le vin pris modérément est la force de l'entendement, la joie du cœur et la santé du corps.*

‭ƆHƆ

« *Vin théologal et sorbonique* est passé en proverbe, et leurs festins, dit Montaigne en parlant des savants docteurs, je trouve que c'est raison qu'ils en dînent d'autant plus commodément et plaisamment,   qu'ils ont utilement, sérieusement employé la matinée à l'escrime de leur eschole. » (*Essais*, l. III.)

‭ƆHƆ

Il nous serait facile, en puisant dans les recueils d'anas, de raconter quelques anecdotes, *toutes fraîches,* sur le sujet que nous traitons; sans nous donner la peine de *démarquer le linge* d'autrui pour le faire servir à notre usage, nous insérerons ici les suivantes que notre mémoire nous rappelle.

Nous espérons que, comme il est arrivé à nous-même, elles amèneront le sourire sur les lèvres du bienveillant lecteur et pourront leur servir à égayer la conversation dans les repas où ils seront conviés.

ୠୠ

« Une charte du fameux abbé Suger, régent du royaume sous le règne de Louis le Jeune, donne dix sous de rente et un muid de vin à la Collégiale de Saint-Paul. *C'est*, y est-il dit, *pour que les chanoines servent Dieu avec plus de gaîté et de dévotion.* »

ୠୠ

Nous lisons dans les *Curiosités théologiques*, qu'un chanoine d'Évreux fonda un obit pour le repos de son âme; il ordonna d'étendre sur le pavé, au milieu du chœur, un drap mor-

tuaire et de mettre à chacun des coins une bouteille de bon vin, avec une cinquième au milieu,
le tout devant revenir aux chantres de l'église.

« Le vin était si considéré, il y a un peu plus de
cent ans, dit un ancien auteur (1), qu'on ne faisait
aucun marché qu'il n'y eût une gratification ex-
traordinaire que l'on nommait *Pot de vin*. Celui
qu'on offrait aux prêtres, à l'église, pour les bap-
têmes et les mariages, s'appelait le *vin du curé ;*
les présents qu'on faisait à la future avant le
mariage, *vin de noce ;* celui que les plaideurs
donnaient aux clercs de leur rapporteur, *vin de
clerc*, et le vin que l'on payait aux officiers mu-
nicipaux quand on était reçu bourgeois, *vin de
bourgeoisie.* »

N'oublions pas le *vin d'honneur*, que l'on
offre à l'arrivée d'un hôte de quelque importance.

ɔⱧɔ

(1) Précis d'une histoire générale de la vie privée des
Français. Paris, 1789.

Moyen de conserver la bière. Une dame anglaise ayant prié le docteur Johnson de lui indiquer le moyen de conserver un tonneau d'excellente bière dont elle faisait le plus grand cas et d'empêcher que ses gens n'y touchassent : « Le moyen est bien simple, lui répondit le docteur, *vous n'avez qu'à faire mettre à côté une pièce de vin de Bordeaux.* »

En faisant l'inventaire des objets laissés par un chanoine dans la partie occidentale de l'Angleterre, on ne trouva, pour toute bibliothèque, que l'histoire de l'ancien et nouveau Testament, mais en revanche on trouva une cave parfaitement et copieusement garnie.

Il parut, au dire d'un des assistants, que le chanoine tenait beaucoup à ce principe :

La lettre tue et l'esprit vivifie.

Quand les Romains portaient la santé d'une

maîtresse ou d'un ami, ils buvaient autant de coups qu'il y avait de lettres dans son nom (1).

⚜

On a bien dit du vin comme de l'amour : « *C'est souvent la manière de le faire qui fait tout.* »

⚜

Un juge proposait de remettre une cause à huitaine. L'avocat de l'une des parties insistait pour qu'elle fût entendue de suite. « De quoi s'agit-il donc ? dit le président. — *Messieurs, d'une pièce de vin. — Oh! la cour, en effet, peut aisément vider cela.* »

⚜

Qui fait la faute la boit. Un religieux, en homme de bonne humeur, fit un jour de ce proverbe une heureuse application. Son gardien ayant trouvé dans sa chambre une grande bouteille pleine de vin : — « Mon révérend Père, lui dit-

(1) *Noevia sex Cyathis,* etc. (Martial.)

il, de quelle faute ne vous êtes-vous pas rendu coupable en vous permettant de rompre ainsi la règle ! » — « Mon révérend Père, reprit le religieux d'un air contrit, je sais que j'ai fait une faute, mais je la boirai. »

✠

Le cardinal Donnet, archevêque de Bordeaux, était à dîner chez un curé de son diocèse qui fit servir de très bon vin ; un des convives en fit la remarque et dit : « N'êtes-vous pas étonné, Monseigneur, de trouver de si bon vin chez un simple prêtre ? » — « Vous avez raison, répondit le prélat, aussi vous voyez qu'il s'en défait. »

✠

Quoique le vin n'en soit pas le sujet, citons un autre trait d'esprit d'un autre illustre prélat bordelais, en qui les œuvres d'une inépuisable charité n'éteignait pas la finesse et la prompte répartie.

9

Monseigneur d'Aviau avait, avec un de ses grands vicaires, M. de Cam..., gagné un pari dont l'enjeu était une dinde truffée. Le carême approchait, et le perdant ne semblait guère se préoccuper du paiement de sa dette; son archevêque l'en fit souvenir : « Monseigneur, répondit M. de C..., les truffes sont très chères cette année. » — « Laissez-donc, mon cher, dit le prélat, *ce sont les dindons qui font courir ce bruit-là.* »

⚜

Sous le premier empire, le vin de Bordeaux a eu l'insigne honneur d'être chanté, *par ordre*, par toute l'armée française.

Quelques jours avant le passage de la *grande armée* se rendant en Espagne, le préfet de la Gironde reçut du ministre de la police une lettre ainsi conçue :

« Monsieur, tant que durera dans votre ville le passage des troupes que Sa Majesté envoie en Espagne, vous aurez soin de faire donner chaque jour un grand dîner à 3 francs par tête auquel vous inviterez les officiers des différents corps et ceux de la garde d'honneur.

« Pendant le dîner, vous ferez porter les toasts dont je vous envoie la liste ci-jointe ; et vous ne souffrirez pas qu'il en soit porté d'autres.

« Au dessert, vous ferez chanter la chanson suivante, sans permettre également qu'il en soit chanté aucune autre. »

Cette chanson avait pour refrain :

En attendant les vins d'Espagne,
Vidons les flacons de Bordeaux.

Ce n'est pas un, mais cent volumes et du plus grand format qu'il faudrait écrire pour rapporter tous les éloges recueillis sous toutes les formes par la bienfaisante *purée septembrale*, comme la nomme le joyeux et profond Rabelais. Quel concert de tous les adorateurs de la *dive bouteille*, de tous les *amis du caveau*, passés, présents et futurs ! Par amour-propre national, nous vous donnerons ici seulement deux couplets, que l'un de nos plus aimables poètes bordelais a mis dans la bouche du Médoc lui-même, et dont les derniers vers ont été inspirés par l'anecdote que nous avons rapportée sur le vainqueur de Mahon.

C'est d'un *premier crû*, je vous le garantis :

Enfant d'une terre féconde,
Je suis né, riant et vermeil,
Des longs baisers que le soleil
Prodigue aux flancs de la Gironde.
Mon père est Dieu, le Dieu du jour;
Et moi, plein de sa douce flamme,
Aux mortels je verse mon âme,
Et je fais des Dieux à mon tour !

Mon pouvoir n'est-il pas sublime ?
J'allume l'esprit et le cœur;
Et, dans ma céleste liqueur,
La vie éteinte se ranime.
Le plus vieux de mes courtisans,
Richelieu, qui savait me boire,
Au champ d'amour, couvert de gloire,
Triomphait à quatre-vingts ans.

(Hipp. Minier, *Bordeaux après diner.*)

꘎

Buveurs, mes frères, méditez encore ces pro-
verbes ou dictons populaires que j'ai extraits pour
vous des recueils des XIVᵉ, XVᵉ et XVIᵉ siècles,

et qui remontaient, par conséquent, bien au-
delà :

> *Paris est bon pour voir,*
> *Lyon pour avoir,*
> *Toulouse pour apprendre,*
> *Et Bordeaux pour dépendre (dépenser).*

🕉

> *Qui bon l'achète, bon le boit.*

🕉

> *A bon vin, point d'enseigne*

🕉

> *Vin, or et amis vieux*
> *Sont en prix en tous lieux.*

🕉

> *Vin trouble, pain chaud et bois vert*
> *Encheminent l'homme au désert.*

🕉

> *Au matin, bois le vin blanc;*
> *Le rouge au soir pour le sang.*

🕉

9.

« *Bon vin, bon esperon.* »

⚯

Vin sur lait, c'est souhait
C'est poison sur vin le lait.

⚯

Les Allemands disent :

Wein auf bier
Das rath ich dir,
Bier auf wein,
Das lass sein.

Vin sur bière
Bonne manière;
Mais la bière sur le vin
Garde-t'en bien.

⚯

Celui qui a un jeune homme pour maître est
semblable à l'homme qui mange des raisins verts
et boit du vin doux; mais le disciple du vieillard
mange des grappes mûres et boit du vieux vin.
(Proverbe juif.)

⚯

S'il pleut le jour Saint-Vincent (22 janvier)
Le vin monte en sarment.
Quand il gèle il en descend.

Э|С

A la Saint-Vincent clair et beau,
Autant de vin que d'eau.

Э|С

Georget (23 avril), *Marquet* (25 avril), *Vitalet*
28 avril) et *Croiset* (3 mai).

S'ils sont beaux font vin parfait.

Erbinet (saint Urbain, 25 mai.)

Le pire de tous quand il s'y met,
Car il casse le robinet.

Э|С

Eau de saint Jean ôte le vin,
Et ne donne pas de pain.

Э|С

Frais mai et chaud juin,
Amènent pain et vin.

Э|С

Pain qui ait des yeux, vin qui pétille,
Fromage qui pleure.

Tant dure le vin,
Tant dure la fête.

A morceau qui est rétif
Verre de vin est un coup vif.

Bon vin reschauffe pèlerin.

De bon terrouer bon vin.

Le vin est bon qui en prend par raison.

Le vin est le lait des vieillards.

❃

Le vin n'est pas fait pour les bestes.

❃

Nul vin sans lie.

❃

On ne cognoist pas le vin au cercle.

❃

Où l'hôtesse est belle le vin est bon.

❃

Qui bon vin boit, Dieu voit.

❃

Qui bon vin boit, il se repose.

❃

Qui vin ne boit après salade,
Est en risque d'être malade.

❃

Sur poyre, vin boyre.

⚮

A petit manger, bien boire.

⚮

Jamais sage homme on ne vit
Buveur de vin sans appétit.

⚮

Le bon vin fait parler latin.

⚮

Carne fa carne,
Vino fa sangue.

⚮

Pain d'un jour, vin d'un an, farine d'un mois.

⚮

Pain changé, vin accoutumé.

ℋ

Beuvons, jamais nous ne boirons si jeunes.

APPENDICE

APPENDICE

I

QUELQUES TERMES TECHNIQUES

———

Afin de faciliter aux consommateurs les renseignements qu'ils doivent donner à leurs fournisseurs, suivant leur goût, voici quelques termes consacrés pour désigner les diverses qualités du vin :

Le *bouquet*, que l'on confond souvent, par analogie, avec la *sève* et l'*arôme*, est ce parfum qui distingue les vins de Bordeaux de choix, et principalement ceux du Médoc, ou des crûs similaires dans les côtes et les graves;

Le vin *coloré* est celui qui a une couleur foncée, mais toujours transparente ;

Le vin est *corsé*, il a du *corps*, lorsqu'à une couleur prononcée se joint une grande force vineuse qui parle énergiquement au palais ;

Le vin *généreux*, unissant la force alcoolique à la couleur, produit dans l'estomac une sensation de chaleur ;

Le vin *nerveux*, très corsé et alcoolisé, se rapproche du généreux ; mais il peut manquer de finesse et de bouquet ;

Le vin *moelleux* est celui qui, ayant de la force et du corps, flatte agréablement le palais sans le dessécher. On le nomme aussi vin *velouté*, parce qu'il fait éprouver aux organes du goût une sensation analogue à celle du velours ;

Le vin *léger* peut n'être pas dépourvu de finesse et de bouquet ; mais il pèche par la couleur et la force alcoolique, soit par nature, soit par vieillesse : c'est celui des malades et des convalescents.

II

SOINS A L'ARRIVÉE DES LIQUIDES

—

Nous ne parlerons pas dans ces conseils pratiques des soins à donner au vin à conserver longtemps dans les barriques.

A vingt lieues hors du département, on ne se doute pas de l'attention soutenue des Bordelais sur ce point ; il faut être né viticulteur ou commerçant de vins pour ne pas faillir en cette circonstance. Les personnes qui se trouveraient forcément dans ce cas feront bien de demander des conseils sur les lieux de production, et de les suivre aussi exactement que possible. Nous ne parlerons que des vins destinés à être mis en bouteilles peu après leur arrivée ; c'est le cas de la généralité des consommateurs (1).

A la réception des vins vieux en barriques, il faut enlever les doubles futailles, *ouiller*, c'est-à-dire faire le plein avec du vin de bonne qualité (2) et placer les barriques dans une cave, *la*

(1) Les premiers froids ternissent souvent les vins rouges sans nuire à leur qualité. Les consommateurs qui recevront à l'entrée de l'hiver une barrique destinée à n'être mise en bouteilles que longtemps après, éviteront cet inconvénient en la mettant sous colle, c'est-à-dire qu'après avoir collé le vin avec des blancs d'œuf, on le laissera dans cet état, bonde de côté, tant que les froids dureront.

(2) Cette précaution, qui est toujours bonne, est moins nécessaire pour les vins ordinaires. Quand on n'a pas de vin de même qualité pour remplir une pièce qui en contient de très bon, on peut employer à cet usage des cailloux bien lavés et bien essuyés. On peut aussi prévenir les inconvénients du contact de l'air avec le vin dans le vide qui s'est produit en y brûlant avec précaution un petit morceau de mèche soufrée. (Voir plus loin pour le soufrage d'une pièce.)

Dans les campagnes et dans quelques familles où l'on a les moyens d'acheter le vin par petits fûts, mais où l'on veut éviter les frais de la mise en bouteilles, on tire à la barrique au fur et à mesure de la consommation. Cette façon de procéder ne tarde pas, comme l'on sait, à faire aigrir le liquide. Or, l'expérience a appris que le vin en

bonde sur le côté, en tournant de *gauche à droite*, pour éviter tout contact du vin avec l'air extérieur (1).

Après huit ou dix jours de repos, au moins, on doit s'assurer, avant de tirer le vin en bouteilles, s'il est parfaitement limpide. On ne peut en être certain qu'en examinant le vin dans un verre à pied contre une lumière, dans l'obscurité. Dans le cas où le vin ne deviendrait pas limpide

perce se conserve parfait lorsqu'on verse dans le tonneau de l'huile d'olives de bonne quatité, de façon que, surnageant au-dessus du vin, elle empêche sa communication avec l'air.

En Toscane, on emploie le même procédé pour conserver bon jusqu'à la dernière goutte le vin qu'on met dans de grandes bouteilles dont le verre est trop faible pour qu'on puisse les boucher solidement.

(1) Les vins en tonneaux doivent être placés, à la cave ou dans les celliers, sur des chantiers de bois élevés de quinze à vingt centimètres ; il faut avoir soin de bien assujettir ces tonneaux horizontalement sur les chantiers, en mettant une cale de chaque côté. Les celliers doivent être frais et parfaitement clos, pour éviter les courants d'air.

Une cave doit être située, autant que possible, à quelques mètres sous terre ; ses ouvertures doivent être dirigées vers le nord ; elle sera éloignée des égouts, courants d'air, lieux d'aisances, bûchers, etc ; elle sera recouverte par une voûte.

naturellement après quelques jours de plus de repos, il serait urgent de le coller avec six blancs d'œuf pour le rouge, et avec de la colle de poisson pour le blanc. Quinze ou vingt jours après le collage, quelquefois moins si le temps est beau, on trouvera le vin brillant et prêt à être mis en bouteilles.

III

COLLAGE

——

Pour coller une pièce de vin rouge, il faut en retirer trois ou quatre litres, mêler ensuite les blancs de six œufs frais avec un demi-litre de ce vin ou d'eau, et battre bien le tout au moyen d'un petit genêt composé de quelques brins d'osier ou de balai. La colle étant ainsi préparée, on introduit dans la pièce, par l'ouverture de la bonde, un bâton fendu ou l'instrument *ad hoc* nommé *fouet*, et l'on agite le liquide en lui donnant un mouvement circulaire; puis on retire le bâton, on verse la colle au moyen d'un enton-

noir, on enfonce de nouveau le bâton fendu ou
le *fouet*, et l'on agite le liquide en tous sens pendant une ou deux minutes. Cela fait, on remplit la pièce en remettant le liquide que l'on avait
enlevé, en ayant soin de frapper autour de la
bonde pour faire tomber la mousse. et chasser
au dehors les bulles d'air. On replace ensuite le
bondon, garni d'une nouvelle toile, et on incline
la pièce sur le côté en noyant la bonde pour in-
tercepter toute communication du liquide avec
· l'air extérieur, comme nous l'avons déjà dit.

Lorsque le collage se fait à la colle de poisson,
on opère comme il suit : On la déroule avec soin,
on la coupe en petits morceaux, on la fait trem
per dans un peu de vin ; elle se gonfle, se ramol-
lit et forme. une masse gluante que l'on étend
avec un peu de vin jusqu'à ce qu'elle soit assez
liquide pour être fouettée avec quelques brins de
tige de balai ou quelques petites branches flexi-
bles réunies en faisceau ; ce liquide, battu jusqu'à ce qu'il soit devenu écumeux, est versé
dans la barrique, puis on introduit le fouet ou
bâton fendu, et l'on procède comme nous avons
dit plus haut.

IV

MISE EN BOUTEILLES

————

ETTE opération mérite plus de soins qu'on ne le suppose assez générale-ment. L'indifférence en cette question cause plus de désappointements qu'on n'est dis-posé à lui en attribuer.

Si elle intéresse le consommateur au plus haut point, elle n'est pas moins importante pour le fournisseur, qui peut parfaitement, malgré la loyauté de ses livraisons et leur qualité certaine, ne recevoir que des reproches et perdre de bons clients, parce que ceux-ci n'auront apporté au-cune attention aux soins que cette boisson exige ;

l'acheteur est trop naturellement disposé à mettre à la charge de l'expéditeur tous les accidents qui surviennent à la marchandise pour chercher ailleurs, en s'accusant lui-même, la cause du mauvais état de son vin au moment de la dégustation.

Par un temps clair et calme, ou les vents soufflant dans la direction qui d'ordinaire amène le beau temps dans la contrée que l'on habite, et après s'être assuré de la limpidité du vin, on pose la canette quelques heures avant de tirer.

Le choix des bouteilles exige une attention particulière ; car si elles ont été mal fabriquées, le liquide qu'elles sont destinées à contenir peut en ressentir une influence fâcheuse.

Les rincer avec le plus grand soin est une chose indispensable (1) ; la moindre impureté ou des

(1) Cette opération doit être faite vingt-quatre heures d'avance, non avec du plomb de chasse, dont l'emploi est dangereux, mais avec du gravier ou une petite chaîne multiple fixée à un bouchon : mieux encore avec une bonne brosse fabriquée spécialement pour cet objet. Après y avoir fait repasser à vide un peu d'eau claire, on les met égoutter sur une planche percée de plusieurs trous où elles sont tenues par le goulot renversé. Toute bouteille étoilée, couverte de tartre ou qui a conservé la plus légère odeur, doit être rejetée sans hésitation.

parcelles de lie qui y resteraient sont autant de causes qui peuvent nuire au vin et le faire aigrir. Il faut avoir rincé la quantité nécessaire pour toute la pièce, les renverser pour les égoutter à mesure, et commencer à les remplir. On met de côté la première remplie qui peut avoir rencontré un peu de lie dans la couche inférieure du liquide. Il faudra boucher au fur et à mesure, pour éviter autant que possible le moindre contact du vin avec l'air; le bouchon devrait avoir été préalablement trempé dans de bon vin ou bonne eau-de-vie.

Il est essentiel que les bouchons soient parfaitement sains et assez élastiques pour être bien comprimés, de telle sorte que, serrés fortement dans le goulot de la bouteille, ils empêchent absolument tout épanchement de liquide, et que l'humidité ne puisse pas les pénétrer.

Il est d'autant plus impérieux d'observer toutes ces conditions, que le vin est de plus grande qualité et qu'il est destiné à une plus longue conservation.

Il faut placer les bouteilles sur le flanc, dans un endroit frais et à l'abri de tout courant d'air.

L'emploi du mastic est bon pour les vins que l'on veut garder longtemps, afin d'éviter que les bouchons ne soient rongés par les vers.

Quant à la barrique restée vide, on la rince avec trois seaux d'eau froide ; et, après avoir laissé égoutter une ou deux heures, on brûle dans son intérieur cinq ou six centimètres carrés d'une allumette faite de toile fortement enduite de soufre.

La manière de soufrer une barrique se borne à suspendre un morceau de mèche soufrée, d'environ 27 millimètres de long, au bout d'un fil de de fer, à l'enflammer et à la plonger dans la pièce : on bouche et on laisse brûler ; l'air intérieur est bientôt chassé et remplacé par le gaz sulfureux. Lorsque le soufre est consumé, on tourne la barrique bonde dessous, et on la laisse encore égoutter pendant vingt minutes. Sans cette précaution, le vin que l'on remettrait dans cette pièce se gâterait infailliblement.

FIN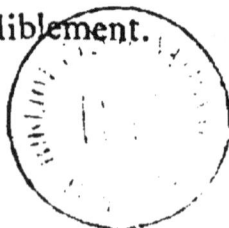

TABLE DES MATIÈRES

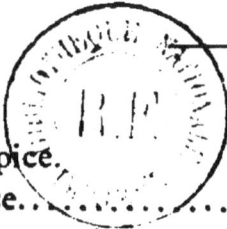

PARIS. — IMPRIMERIE ALCAN-LÉVY, 61, RUE DE LAFAYETTE

PARIS. — IMPRIMERIE ALCAN-LÉVY, 61, RUE DE LAFAYETTE.

www.ingramcontent.com/pod-product-compliance
Lightning Source LLC
Chambersburg PA
CBHW062003200326
41519CB00017B/4655